U0309857

与不懂理财的人结婚，
你就自己累到死

[韩] 李 泉 / 著

千太阳 / 译

 海峡出版发行集团 | 海峡书局
THE STRAITS PUBLISHING & DIBLISHING GROUP

著作权合同登记号　　图字：13-2014-002

결혼과 동시에 부자되는 커플리치

Copyright©2012, Lee Cheon（李泉）

Simplified Chinese translation edition © 2014, Beijing Xingshengle Book Distribution Co,.Ltd.
All rights reserved.

Simplified Chinese edition published by arrangement with Altus through Imprima Korea Agency and
Qiantaiyang Cultural Development （Beijing） Co., Ltd.

图书在版编目（CIP）数据

　　与不懂理财的人结婚，你就自己累到死 / （韩）李泉
著；千太阳译. —福州：海峡书局，2014.8
　　ISBN 978-7-80691-937-8

　　Ⅰ.①与… Ⅱ.①李… ②千… Ⅲ.①家庭管理–财
务管理–基本知识　Ⅳ.①TS976.15

　　中国版本图书馆 CIP 数据核字（2014）第 067724 号

与不懂理财的人结婚，你就自己累到死

著　　者：（韩）李泉
出版发行：海峡出版发行集团
　　　　　海峡书局
地　　址：福州市鼓楼区五一北路 110 号海鑫大厦 7 楼
邮　　编：350001
印　　刷：北京彩虹伟业印刷有限公司
开　　本：880mm×1280mm　1/32
印　　张：7.5
字　　数：150 千字
版　　次：2014 年 8 月第 1 版
印　　次：2014 年 8 月第 1 次印刷
书　　号：ISBN 978-7-80691-937-8
定　　价：32.00 元

与其总担心钱财问题，不如成为会赚钱的情侣

我现在从事的工作就是每天接待不同的客户，为他们提供理财咨询，或者是帮助客户制订财务计划。时间久了，有时候甚至还会帮客户们进行人生规划咨询。从业这么久，我深深感觉到，40多岁的中年人对年老的恐惧和对金钱的担忧越来越强烈，而年满18岁的大学新生则已经开始具有了理财的观念，这也从另一个方面说明了现在的生活是多么的艰难。

但是，作为一个财务计划专家，我认为最重要的问题并不是金钱，也就是说真正的问题不是"钱"而是"对钱的担心"。通过对无数客户的咨询，我发现了一个事实，那就是对金钱的过分执着与恐惧，这种担心与不安会让人生变得更加辛苦，甚至会夺走一个人的希望，从而让他失去自己的人生蓝图。

有些把结婚当作目的或者计划两到三年内结婚的人，

他们对待婚姻和金钱的态度让我无比担忧。其实，现在一些年轻人对结婚并不是那么憧憬了，他们比二三十年前的人们现实得多，他们绝对不会因为爱情蒙蔽双眼而认为结婚之后一定会过上幸福的生活。

由于对婚后生活的憧憬逐渐减小，对婚后家庭财政状况的期望也大不如前了。现在，新娘已经不会说"我一定会勤俭持家，让家庭富裕"了，而新郎也不会说"我会不停地奋斗，努力赚钱回来"的"豪言壮语"了。每当为客户作理财咨询时，他们总会问"到底多少年之后我才能拥有自己的房子呢？""假如生两个孩子，除去他们上学、生活的费用之后，还能存多少钱呢？"这些问题充满了无比的担忧和绝望，让人不知道如何作答。

一些即将要步入婚姻殿堂的准夫妇们紧紧握着我的双手问道："如果想安度晚年的话，需要积攒多少养老金才可以呢？"每当被问及这样的问题，我就会变得非常郁闷，因为大家在准备结婚的同时都在担心金钱的问题。

但这并不是全部。一些刚刚确定结婚日期的人，就把嫁妆、礼单、婚礼、装饰品、新婚旅行、婚房等花费的项目一条条地罗列出来，然后就开始陷入深深的担忧之中。还有一些刚刚结束新婚旅行的夫妇又把产子、育儿、买房、向父母尽孝的费用以及自己的养老费用等全部罗列出来后，也开始忧心忡忡。正是因为对金钱的各种担心，让结婚的真正意义逐渐褪色。虽然他们表现出对金钱的无比忧虑，但是又不能好好地理财，也并没有为端正自己的金钱观而付出应有的努力。

在为无数的未婚男女提供咨询之后，作为理财专家，同时也作为过来人，我产生了一种期望，那就是希望他们可以改变一下对金钱的看法。与其天天担心也不能致富，还不如努力赚钱，积少成多，接着让钱增值。

这就是我撰写这本书的初衷。我想告诉那些因为担心金钱而使生活日渐失去生机的未婚男女们，不要把他们充满希望的青春以及灿烂的未来抵押给对金钱的担忧，希望他们可以认认真真地对待婚姻，也希望他们可以努力工作获得并积累财富，从而过上更加有意义的生活。同时，我想为那些面临结婚的准夫妇们提供一些现实性的建议，让他们在 3 年之内可以有效地积累自己的结婚资金，举办一个更有意义的婚礼，另外也帮助那些新婚夫妻们更快地找到经济上的稳定感，让他们可以一起感受人生中的幸福。

对于那些现在正在准备结婚的情侣，我想给他们一个忠告，希望他们可以好好地为"婚姻"作准备，而不是为"婚礼"作准备。

希望他们不要为了应对连 30 分钟都不到的婚礼而花光父母的养老积蓄，也不要为了在他人面前炫耀而宁可借钱也要把自己的婚房打扮得金光闪闪，为了一个形式上的婚礼而欠下一身债务，从而把自己美好的人生都浪费在对金钱的担心中。他们应该多想一想怎样与自己一生的伴侣幸福生活，应该怎样准备美好的未来。

不要因为厌倦了对金钱的担心，从而萌生出想去找一个有钱人的想法。我认为，所谓的成为富翁的婚姻并不是"寻找一个可以成为富翁的对象"，而是自己首先要"变成一个将来可以成为富翁的人"。所以，我决定在本书中讲一讲那些面临结婚的男女应该怎么看待金钱，以及结婚的意义，此外还会讲述夫妻两个人应该如何理财。

这就是 WAM（Wedding Asset Management），乍一听名字可能觉得比较陌生，其实这是我在为那些准夫妻客户作咨询的时候，向他们重点推荐的方法，这也是最基本的理财技术。我敢自信地说，只要能够很好地实践这一个方法，就一定可以成为"不用羡慕别人的小富翁"，从而过上幸福的生活。

本书最开始讲述了三对情侣的故事。为保护主人公的隐私，故事中的人物均使用化名，而且资产设定也略作修改，但他们都是我真实存在的客户。

之所以用他们的故事作为本书的开头，是因为在为无数未婚男女进行了长时间的咨询之后，我发现他们的故事是最具有普遍性和代表性的故事。读者们可以从他们的案例中发现自己或者伴侣的影子。

虽然本书不可能施展魔法，让那些马上就要步入婚姻殿堂的青年男女们迅速成为富翁，但是，希望本书可以成为小小的垫脚石，让他们从对金钱的担心中摆脱出来，从而尽情地享受年轻与新婚的快乐，为未来做好充足的准备。

李泉

2012 年 6 月

contents 目录

结束语

不要调皮，
爱情是不会给你饭吃的
……

选定的男人是富家子弟吗？
将要成为我的女人的她是高收入者吗？
或者仅仅是因为相信爱情而结婚吗？
在选择伴侣的时候真正重要的，
既不是高收入也不是爱情，
而是看自己的另一半是不是能够跟自己幸福地生活，
看是不是能够一起实践 WAM 的人。

第一章
在考虑"生辰八字"
是否合适之前，
先考虑"金钱八字"
是否合适

WAM：选择能够跟自己一起实践 WAM 的伴侣。

要勒紧裤腰带，一辈子都在争吵中度过吗

永远的平民情侣故事

金京南（32岁）先生拎着一箱抗疲劳饮料，带着一脸羞涩的表情推开咨询室的大门走了进来。他在一家中小企业上班，是我的一个客户K部长的下属职员，同时也是K部长的老乡。K部长说，金京南先生诚实善良，在工作上也值得信赖，是他很喜欢的一个员工，所以一再嘱咐我见他一面，并且好好地为他提供一些建议。

"他真的是一个善良的朋友，但正因为过于老实而让人觉得惋惜。在现在的社会里，应该要懂得理财，所以某些方面可以更灵活一些。他是出了名的铁公鸡，甚至连喝一杯咖啡的钱都不舍得，我真的很想让他知道，像他这样太吝啬的话，在现在的社会中是不可能让钱升值的。这个朋友马上就要结婚了，所以就更有必要开导一下他。我比他多活了15年，在这段时间里我真切地感受到了一点，那就是像他这样老实本分的人，最终会被那些懂得灵活牟利的人超越的……我确实很欣赏这个年轻人，所以希望你无论如何都要帮帮他。"

K部长在我这里已经作了十多年的理财咨询了，每个月

和每个季度都会认真地检查自己的资产状况并进行管理，他现在可以说已经是一个理财高手了，甚至可以为自己身边的人进行理财咨询了。K部长来自农村，刚来首尔的时候没有任何基础，年轻时吃了不少苦才在如今的职场上获得成功，所以他很能体会现在年轻人的辛苦，也想好好地照顾自己的老乡。

跟在金京南先生身后走进来的是他的未婚妻——李美爱（29岁）小姐。她身着一件朴素的白色衬衫与褐色的短裙，似乎与流行时尚不沾边，看上去也是一个羞涩内向的人。

他们两略显尴尬地跟我打了招呼之后，我首先向金京南先生了解了一些他的基本情况。他则小心翼翼地开始讲述自己的故事。

"多年以前，我通过刻苦学习从老家来到首尔上大学并顺利毕业，之后在一家公司工作了六年。我平时非常节俭，能不花钱就不花，能少花钱就少花，辛辛苦苦攒下4000万韩元。现在我有五个存折，CI保险方面每个月还要投入17万韩元。我曾经也和同事一起投资过基金，但仅仅三个月之后，证券市场就开始不景气，最后好不容易才拿回本金。那个时候跟我一起的三个同事，都是过了两年之后才退出来的，大家都有点损失。我觉得自己早早地抽身而退这个决定是非常明智的。那段时间，我从来没有亏过，反而有的朋友由于投资股票把所有的奖金都搭进去了。"

由于他是一个非常诚实、节俭的人，所以我就没有必要为他介绍该怎么节俭了。但是，令人惋惜的是，他看起来太过小心谨慎了。虽然没有人不爱惜自己的财富，但是像这样的一个年轻人仅仅只是希望收回本金就满足了，这

与不懂理财的人结婚，你就自己累到死

确实有点让人觉得可惜。当然，在了解到了他的成长是如此坎坷的时候，对他的这份小心翼翼也多了一些理解。

在像金京南先生这样的投资人眼中，只看得到那些"因为投资而受到了损失的人"。不管是股票还是基金又或者是变额寿险，他们永远听到的全部都是连本金都没有收回来的失败的投资案例。他们一直生活在自我安慰中，认为自己一定要勤俭节约，他们相信钱应该是用来存的，而不是拿来升值的。

"但是，让我郁闷的是，现在储蓄金增长的速度太慢了。当其他的朋友们通过分期付款的方式买了车，然后开车到郊外去兜风的时候，我们这对情侣却连出租车都不敢坐，每次只好步行去约会。即使这么努力地攒钱，除去房租、税金，也几乎所剩无几……此外还要偿还上大学时欠下的教育贷款。我们应该是要尽快结婚的，但是却不知道什么时候才能举办婚礼。房子问题好像还很困难，结婚之后也有很多需要担心的问题。一个人生活都很难攒下钱，要是人口再增加了的话，应该怎么承担啊……以后再有了孩子，不知道要节省多少年才能拥有我们自己的房子啊？"

金京南先生在诉说自己的故事的过程中，会时不时地叹气，甚至坐在他对面的我都要不自觉地叹气了。他并不是因为金钱而感到累，而是因为对钱的担心让他很疲惫。他的未婚妻美爱小姐的情况也跟他差不多。

美爱小姐在家庭购物客服中心工作，她原本都是把自己的工资全部存起来的，但是在听了保险公司前辈的建议之后，就把所有的钱都投入到了保险之中。由于需要支出的费用非常多，所以在上交的保险费用不够的时候，就会从信用卡中取钱上交保险金。她理财的方法比较呆板，一旦听信了某人的话，就绝对不会再考虑其他的方法。

"我们公司的一位非常有能力的姐姐辞职去了另一家保险公司上班。在 2~3 年的时间里就有了非常优秀的业绩，据说还可以拿到很高的分红。由于我没有什么朋友，而且性格也偏内向，所以在跟我现在的男朋友交往之前，就经常跟那个姐姐一起喝茶、吃饭、看电影，可以说那就是我当时唯一的乐趣。但她跟我不一样，她非常会打扮，而且性格也非常好，比较幽默。只要跟她在一起，心情就会不知不觉地变好。我连买一条毛巾都会考虑很长时间，但是那个姐姐只要去百货商店，一次就会买三四套衣服。我跟她一起逛街的时候，看到她如此大手大脚地花钱，心情也会变得非常好，可以说是一种'代理满足'吧。在和她比较亲密之后，我就在她的劝导下加入了保险。虽然工资少得可怜，但是每当有所增加的时候，她就会给我推荐新的保险，所以我最终加入了好几个。但是，现在到了要结婚的时候才发现，虽然已经攒了很多年的钱，却没有多少能够用来结婚的。所以我现在根本不知道应该怎么办才好……"

美爱小姐有变额万能寿险、CI 保险（每月 13 万韩元）、存取款存折、透支贷款存折、免税储蓄保险等投资组合，即使她现在立即解约拿到的现金也只有 1250 万韩元而已。

从现实情况来看，这对完全不可能接受父母帮助的情侣想要立即结婚的话，看上去是不太可能的。即使省去大部分的嫁妆和礼单，婚礼也还是要花费一定的费用，要想租住联排式住宅的话，肯定还需要一定的保证金……不管

　　　　　与不懂理财的人结婚，你就自己累到死

怎么敲计算器，都得不出答案。

大家可以看一看，他们两个人每个人工作了6年左右，加起来就是12年。工作了12年，他们攒了5000多万韩元，即使再工作个1~2年，存款似乎也不会增加太多。如果他们两个人一直这么小心翼翼地攒着钱的话，恐怕他们结婚的日子就遥遥无期了。

这像话吗？我在听他们两个人的故事的时候，连着喝了好几大杯水。我心里觉得很闷，头也一阵一阵地疼痛。连我这个旁观者都这么难受，他们当事人该有多么痛苦就可想而知了。他们并不是懒惰的人，从来没有大手大脚地花过钱，也没有尽情地出去度假旅游。当然，他们两个人都属于收入比较少的人。但是，就是这么诚实勤俭的两个人，各自度过了6年的职场生活，一分一分地攒着钱，但最终却是因为钱的问题而无法结婚！这真的是让人无法接受的事情。

但是更让我郁闷的，并不是摆在他们面前的很难结婚的这个现实，而是他们两个人本身。我真的很想问一问他们，难道明年就会发生变化吗？难道后年一切就都会好起来吗？难道10年之后就可以无忧无虑了吗？我真的很想告诉他们，像他们这样总是只看一个方面，只听自己想听的，只看自己想看的内容的话，不管是现在还是明年，又或者是10年以后，他们还是会一直担心钱的问题。

我为他们的善良感到惋惜，也不喜欢他们的迟钝。但是，我无法说他们两个人过的生活是错误的，因为他们都是那么善良、诚实。我在与他们见面的第一天里，并没有给他们提供具体的建议。他们需要立即改变的不是攒钱、让钱升值的方法，而是他们的思想，如果思想不发生改变的话，不管他们多么诚实，永远都只能停留在平民情侣的水平上。所以，我想给他们的建议就是哪怕多花一些时间，也要竭尽全力改变自己的想法。

在他们回去的时候，我给了他们一份表格，并嘱咐他们一定要在一周之后填好了带过来。在跟他们详谈之后，我似乎能理解 K 部长的惋惜之情了。

平民情侣的 Portfolio（投资组合）

金京南（32 岁）

金融资产现状		工资/储蓄/保险		
存取款存折	100 万韩元	工资	请约储蓄	10 万韩元
请约储蓄	700 万韩元	250 万韩元（税后）	零存整取	100 万韩元
定期存款	2500 万韩元		CI 保险	17 万韩元
零存整取	700 万韩元			
总资产	4000 万韩元	合计 250 万韩元	合计	127 万韩元

李美爱（29 岁）

金融资产现状			工资/储蓄/保险	
区分	存取款金额	解约退款	工资	变额寿险 20 万韩元
存取款存折	50 万韩元	50 万韩元	150 万韩元	免税储蓄保险 40 万韩元
变额万能寿险	920 万韩元	510 万韩元	（税后）	CI 保险 13 万韩元
免税储蓄保险	1200 万韩元	690 万韩元		
总资产	2170 万韩元	1250 万韩元	合计 150 万韩元	合计 73 万韩元

与不懂理财的人结婚，你就自己累到死

人生也没什么大不了，尽情地生活吧

危险的爱时髦情侣

一个西装笔挺并且身上带着淡淡古龙香水味的男士与一位看起来精明干练的女士手牵手走进了咨询室。乍一看，就知道这两位对流行时尚比较敏感，他们就是所谓的"引领时代潮流"的人吧。

这对情侣中，男士是某著名 IT 公司的营销组组长，而女士则是某知名美容品牌的公关经理。他们可能是到我这里来进行咨询的 35 岁左右的客户中最时尚的情侣了。

崔大浩、徐多妍情侣

崔大浩（37 岁）先生已经工作十多年了，在这十多年的时间里更换了 6 家公司，也就是说根本没有积累退休金的时间。他在一家公司里连续工作的时间平均为 1~2 年，所以零星的退休金只能买到一套西装。

我很好奇他们为什么来找我。这对年轻有为的夫妻看起来很会享受生活，那他们又会有什么样的苦恼呢？崔大浩先生一开口就把我的好奇消除了。

"其实，这是我头一次作理财方面的咨询。因为现在我赚的钱够花，所以以前我就没考虑那么多了。我现在还很年轻，在公司里也得到了认可，我认为为了提高自己的身价而进行的投资是最重要的理财。在现在这个社会上，如果不舍得花钱、不舍得吃、不舍得穿的话，所有的人际关系就会一团糟。而且现在是一个用钱来赚钱的时代，仅仅是记录家庭账簿、盯着银行利息的话，什么时候才能成为富翁呢？在我的身边有很多人通过股票投资赚到的钱是工资奖金的好几倍。如今一夜暴富的例子和机会太多了，哈哈！"

在他眼里，成为有钱人似乎易如反掌。当然，不可否认的是，如今通过证券投资一夜暴富的大有人在，也有不少人通过贷款买到的房子如今已经翻了好几倍。但是"我"能变成那些人中的一员的可能性到底有多大呢？

实际上，崔大浩也梦想着能够"一夜暴富"，于是他一直以来都进行着股票的投资，但是如果仔细地计算一下，就会发现其实他亏了很多。而且，即使是运气好，因为股价上涨而赚到了钱，那么他通常会在获得收益之前变得兴奋无比而进行各种超前消费。于是在进行股票投资的同时，一方面亏损，另一方面还养成了超前透支消费的习惯。

"是我提议到这里来的。由于上个月男朋友正式向我求婚了，所以我们也就把婚礼提上了日程。每到周末的时候我们就会去看房子、看婚礼场所、看一些家具等等，也算是一种乐趣吧。有一天我突然问男朋友有多少存款时，他非常诚实地把存折上的余额告诉了我，实在是少得可怜，我刚开始真的以为他是在开玩笑，后来想到他每月都得交房租，剩下的大部分钱都投入了股市，我也就想明白了。

与不懂理财的人结婚，你就自己累到死

但是，我真的不知道应该怎么跟我爸爸妈妈说。婚房当然是由男方置办，就凭他存折里的那一点儿钱，根本就不敢奢望能住上公寓。我们身边的亲戚朋友都希望我们能举办一个盛大的婚礼，假如到时候不能在大酒店里办得很体面的话，那真是太丢人了，我都不知道该怎么给人家发喜帖。"

徐多妍（35岁）小姐也已经工作了十多年了。她曾经在几家时尚杂志社工作，现为一家知名美容公司的公关经理，这些年的工资都用来穿衣打扮了。她一直相信，凭借自己的容貌和条件，绝对可以嫁给一个经济实力雄厚的男人，而且自己的父母肯定会帮她准备结婚资金的。

但是，最近父母的房地产投资失败了，所以她现在根本就不可能依靠他们了。而且，各方面都跟自己非常般配的男朋友大浩的经济状况竟然比自己好不了多少，知道了这个事实之后，她一下子陷入了绝望中。

而且她觉得自己已经快要40岁了，好像没有机会再遇到跟自己这么般配的男人了，但是，现在这个男人竟然连一个公寓的年租保证金都没有。她现在看上去非常苦恼，不知道跟这样一个可以说几乎一无所有的男人结婚是不是正确的选择。但是，她看起来最终还是被男朋友真心实意的求婚感动，然后下定决心要跟他结婚。

徐多妍小姐的资产投资组合，是我见过的客户中最差的。她只有一个活期存折，而且一般是工资刚到账，就会在刷卡以及缴纳完各种税金之后消失不见，甚至有时连进到账户中的痕迹都看不到。她存折上的余额只有几百万韩元而已（她都不好意思说），就算加上租房子的保证金，她的总资产也不过是 2000 万韩元左右。

崔大浩先生的资产现状也好不到哪去，他也是负债存折。虽然他的年薪还比较高，但是由于支出远远大于收入，光是每月的房租就有 130 万韩元，更别提储蓄了，假如没有信用卡的话，恐怕每个月的生计都很难维持。

由于工作原因，他需要购买一辆汽车。据说他自己开着一辆小型进口汽车，是分期付款买的，还有两年还款就要到期了。自己积攒起来的那一点儿钱都存在了 MMF 存折中，他一直在等待着机会来临的时候投入到股票市场中。他现在正虎视眈眈地等待着机会，希望用一次的成功来挽回自己这一段时间以来因为股票而遭受的损失。假如包括他的房屋保证金在内，他的总资产大约为 5000 万韩元。

由于咨询的时间比预想中的要长，所以崔大浩先生说要出去抽一支烟，暂时起身离开了。徐多妍小姐犹豫了一下之后，把自己内心真实的想法告诉了我。

"在跟我比较要好的前辈中，有一个只要喝完酒就会教训我的姐姐，她总是让我清醒一下。由于我工作的原因，以前交往的男朋友不是艺人就是社会的中上层，但是她劝我说如果盲目地追求他们的生活方式，早晚会吃大亏的。她还送了一本您写的书给我，因为她觉得既然遇到了准备结婚的男人，现在就应该考虑一下怎么攒钱了，而不是怎么花钱。在过去我是绝对不会把这样的话听进心里去的，但是现在一听到要结婚的话题，就觉得再也不能这样了……所以才会鼓起勇气来这里……但是，虽然我男朋友现在的经济状况不是很好，但他是名牌大学毕业，英

与不懂理财的人结婚，你就自己累到死

语也不错，工作能力在公司里也得到了认可，另外，性格也非常好，可以说是无可挑剔的新郎人选。当然，我以前并不知道他工作这么长时间没有攒下多少钱。所以请问您，我现在可以和他结婚吗？"

在听完她的话之后，我有点慌张。我想自己只不过是个理财咨询师，并不是什么占卜大师，也不是婚姻顾问，当然，我现在也不可能仅仅根据男方的经济状况而告诉她到底是可以结婚还是不能结婚，我也不能保证他以后能不能攒下钱来，所以对于我来说，这个问题还是比较为难的。

但是，假如我站在多妍小姐的立场上的话，不对，是站在多妍小姐父母的立场上的话，会怎样做呢？我想虽然大浩先生不是最好的新郎人选，但是也不是最差的。他并没有一味地去追求享受或者去赌博，只不过是花钱有些大手大脚而没有攒下钱而已。另外，他还比较青睐"高风险、高回报"的投资。

而且，客观上来说，多妍小姐要比大浩先生更让人担心。虽然，如果只考虑职业与外貌的话，可以说她完全是一位"金小姐"（Miss Gold），但是假如再仔细考量一下其他条件的话，可能结果就不是这样了。多妍小姐已经 35 岁了，可以说不算年轻了，而且自己的总资产也不过 2000 万韩元而已，从来都没有考虑过去如何理财，所以说她只不过是个"剩女"罢了。一直以来，她都想着以后依赖父母，从没想过自己应该去省钱为未来做好准备。可是她没想到的是，她的父母虽然有点积蓄，但是这些积蓄都投入到了不具备资金流动性的房地产上了，所以当自己需要用钱的时候，这笔钱是无法立即套现的。

有一种人，他们整天为钱的事情发愁，却不去思考怎么赚钱，这种人让人很担心；而另一种人则更让人头疼，他们觉得钱来得很容易，而随意地去消费，对于这种人，我真不知道该给出什么样的建议好。但是幸运的是，他们如今意识到了这一点，现在能带着问题来和我这个理财咨询师商讨，这还是比较令人欣慰的。

对于崔大浩、徐多妍情侣，想告诉他们从现在开始要勤俭节约可能不大现实，因为他俩属于及时享乐型的，而且都偏爱高消费、高品质。比如，他们会用数十万韩元去购买两张音乐剧或者演唱会的门票，而不仅仅是看场电影就可以满足的；他们最起码会去普吉岛或者塞班岛这样的度假村来避暑，而不仅仅是找个乡下农场来度假。所以说，真想让他们做到勤俭节约，可能就好比对牛弹琴，白费口舌了。

我也给了这对情侣两张表格，让他们填好，而且还告诉他们一定要用铅笔写，这样的话就比较方便擦掉。

与不懂理财的人结婚，你就自己累到死

爱时髦情侣的 Portfolio

崔大浩（37岁）

资产——负债状况		工资/储蓄/保险	
住房保证金 1000 万韩元 MMF 存折 5000 万韩元	透支存折贷款 1000 万韩元	工资 430 万韩元 （税后）	存款无 保险无
总资产　6000 万韩元 净资产　5000 万韩元	合计 1000 万韩元	合计 430 万韩元	

徐多妍（35岁）

资产——负债状况		工资/储蓄/保险	
住房保证金 1500 万韩元 MMF 存折 500 万韩元	负债无	工资 340 万韩元 （税后）	存款无 保险无
总资产　2000 万韩元 净资产　2000 万韩元	合计无	合计 340 万韩元	

攒钱要比花钱有趣吗

具有富翁潜力的聪明情侣的故事

姜大贤、金智秀这对情侣可以说是夫妻理财的典范了，他们很认真地制定了让人难以找出破绽的资产投资组合，并且他们还具备了成为富翁的基本思想。他们愿意用20万~30万韩元的西装代替几百万的名牌西装，也愿意到免税店去购买领带，金智秀会用这些来装扮自己的男人姜大贤，而姜大贤也会用自己亲手制作的个性皮包来代替香奈儿包送给自己的女人金智秀，他们的结合可谓是天造地设。

金智秀（34岁）小姐是一名小学老师，是我的老客户了。她不仅有着令人羡慕的稳定职业，并且勤俭持家、温柔贤惠，是新娘的合适人选。在她读大四的时候，一次偶然的机会开始在我这里进行理财咨询，转眼间已经十年了。刚步入社会的时候，她就已经开始向我咨询存折账户的管理了，现在她偶尔还会为自己身边的同事提供咨询，俨然是一位理财专家了。

"虽然在上师范大学的时候，同学们就经常取笑我，说我即将成为一名教师，整天就知道钱，俗不可耐，但是我却不以为然，相反觉得很有意义。那时候，图书馆中理财

与不懂理财的人结婚，你就自己累到死

类的书是冷门，很少有人去阅读，当然，当时我也是抱着消遣的态度借过来看看。之后我又给自己办了存折，也开始看一些经济报纸，渐渐地对理财有了浓厚的兴趣。如今，虽然我是语文老师，但是一般的经济用语和概念，我也是可以教的，哈哈！"

智秀小姐讲得津津有味，时间不知不觉就过去了。我突然很好奇坐在她身边一直微笑着的男友姜大贤先生到底是个什么样的人。大家肯定会说智秀小姐选择的肯定是个好男人啦，但是他们这么晚才决定结婚，而且现在还到我这里来作咨询，我难免会产生好奇。

姜大贤（35岁）先生是一家门户网站公司的经理。他有着迷人的微笑，一看就是在一个良好的家庭环境中成长起来的。虽然他的话不多，也很低调，但是在讲述自己故事或者遇到自己感兴趣的话题的时候，还是会在谦虚中露出一丝自信。而智秀小姐则活泼可爱又聪明好奇，他俩的性格正好互补。

姜大贤先生大学毕业之后就进入了公司上班，他从开始上班的时候就决定要自己准备结婚资金。他是一个很认真的人，每当发工资的时候，就会把一部分工资存起来，剩下的则制订好支出计划。虽然按他的收入情况，自己早就可以买车了，但是上班的时候还是坐公司的班车，假如周末需要用车的话，就会借父母或者妹妹的车用。当然，智秀小姐也认同这样的做法。

刚到公司的时候，姜大贤先生就开始向公司的前辈们咨询理财的问题了，那时还没有遇到现在的女朋友。他很认真地看待理财，在加入保险之前，他会很认真地阅读各项条款，而且会对各项类似的产品进行比较，综合考虑之后才决定加入了实损医疗保险。如果把下个月到期的存款算上的话，他现在的总资产已经超过了 1 亿 2000 万韩元了。

这对情侣已经交往了一年多了，虽然他们一直过得很节俭，但是也懂得适当地花钱来满足自己的兴趣爱好。事实上，他们之间的浪漫温馨比理财的故事要生动得多。

"我们有时会找个小店吃点便宜的拉面或者炒年糕来填饱肚子，也会去很有特色的咖啡屋吃点甜点喝点咖啡。有些人对这件事情很不理解，但是我认为，吃大餐可以，那为什么不能喝点比饭菜更贵的咖啡呢？我觉得这也是一种生活方式。"

"我跟智秀有时候会在半夜或者凌晨约会，很多朋友会觉得我们很奇怪。比如，我们有时候会在凌晨四点的时候一起去东大门市场，去品尝那些只有在早市中才会卖的香喷喷的紫菜卷，这种经历很有趣……其实，凌晨的市场有种特殊的感觉，我们还说过，假如有一天我们都不想上班了，就一起去创业。她的裁剪手艺还不错，所以我们还考虑是不是要从这个方面着手，以后要是能创立一个时尚品牌也是不错的啊。而我呢，对网络技术比较了解，所以完全可能开个网店，增加销售渠道。"

"是的，人们都说教师是最好的职业。当然我也觉得教师是我的天职，而且一直怀着感激之心，但是，这份工作也是非常辛苦的，充满了压力。虽然孩子们都很好，而且我也一直想要教育好他们，但是总觉得越来越力不从心。

与不懂理财的人结婚，你就自己累到死

所以，我希望还是能坚持到自己热情褪去之前。我害怕自己以后会因为身心俱疲而使孩子们感到不满。另一方面，我也梦想着能够自己创业赚大钱，所以我觉得在未来也许可以做其他的工作。"

听到这里，我就好奇了，怎么会有如此情投意合的情侣呢？他们并没有纠结于婚房、婚礼、嫁妆等一些琐事上，也许这些是很花钱，但是他们好像一点都不在乎，他们关心的是以后怎么去获得更大的财富。他们有着远大的理想，而且讲出来的时候也是那么的理直气壮，他们愿意花更多的时间去倾听对方的兴趣爱好，去携手营造更美好的未来。

而且，他们今天还找到我，非常诚恳地希望我能帮他们作理财方面的咨询。由于我已经非常清楚智秀小姐的资产现状了，所以主要详细地查看了一下大贤先生的情况。大贤先生现在有存取款存折、定期零存整取储蓄存折、定期存款存折、请约储蓄存折、长期住房储蓄存折、基金存折、变额年金存折以及 ETF（交易所交易基金）存折等，另外，他的实损医疗保险每月需要上交 8 万韩元，这属于比较合理的范围。

看起来，这对情侣的投资组合还是很不错的，基本上不需要进行比较大的调整，未来只要把两人重复的存折整理一下就可以了。他们已经商量好了，结婚之后所有的存折都交给智秀小姐来管理。请约储蓄存折只留下大贤先生的，智秀小姐的直接解约就可以了，然后将钱转入利息更高的储蓄存折中。最近在智秀小姐的建议下，大贤先生也开始进行 ETF 的大金额投资了。

他俩也好好地考虑了一下结婚的花费和婚房的大小问题，他们两人都认为重要的是结婚，而不是婚礼。他们不想借助父母的帮助，而是依靠自己的能力来筹备婚房。他们现在只需要决定到底是选择租住公寓，还是为了留下一部分活动资金而选择新建成的联排式住宅。他们一谈到结婚的时候，就不得不提到他们的存折，就好像是打开相册分享他们学生时期的故事一样。存折里面包含了他们将近10年的生活，其中有苦也有乐。在谈论这些的时候，自然而然地就谈到了他们的梦想。我问他们，你们彼此都知道对方的存折，这是怎么做到的？

　　"我觉得，在对待金钱方面有心机、不能坦诚相对的男人，他的品性肯定也不会好到哪去。就算不跟那样的男人深入接触，也能想象到结婚之后的日子会是什么样子的。到目前为止，我一直牢牢地记着妈妈对我说过的话，所以从来没有受到过损害。稍微有些可惜的是，我是在懂事了之后才明白了妈妈的话。妈妈跟我说过，绝对不要跟那些装作自己很有钱的男人，以及那些没有钱就知道哭穷、自责的男人结婚。那些装作自己很有钱的男人即使真的有钱了也不会把钱看得很珍贵；那些就知道哭穷的男人不仅身边没有什么亲近的人，而且还是那种事事都要干涉的人。大贤是一个很坦诚的人。而且，即使是小事也懂得感恩，对于自己喜欢的事情，绝对不会心疼钱与时间。只有外貌不算是我的类型，哈哈！"

　　大贤先生虽然因为智秀突如其来的玩笑而满脸通红，但是仍然满脸微笑。

　　　　　　　　与不懂理财的人结婚，你就自己累到死

智秀与大贤可以说是一对帅气的情侣,他们并不需要我的咨询建议,我反而需要向他们学习。对于仅仅考虑金钱,仅仅执着于攒钱的情侣来说,"帅气"这个词是不合适的。他们甚至想到了设计出属于他们两个人的未来品牌,所以我相信他们一定会成为充满爱与信任的夫妇,帅气的经济情侣。

虽然智秀、大贤这对情侣在理财专家的眼中已经是99分了,但是为了达到100分也仍然需要给他们留一份作业。他们也很愉快地接受了我留给他们的作业。

聪明情况的 Portfolio

姜大贤(35 岁)

资产——负债状况			工资/储蓄/保险	
存取款存折 100 万韩元 定期存款 3900 万韩元 定期零存整取储蓄 300 万韩元 基金 3700 万韩元 请约储蓄 600 万韩元 长期住房储蓄 1300 万韩元 ETF1000 万韩元 变额年金 1100 万韩元	负债无	工资 400 万韩元 (税后)	定期零存整取储蓄 50 万韩元 积累基金 100 万韩元 请约储蓄 10 万韩元 长期住房储蓄 30 万韩元 变额年金 30 万韩元 实损医疗保险 8 万韩元	
总资产 1 亿 2000 万韩元 净资产 1 亿 2000 万韩元	合计无	合计 400 万韩元	合计 228 万韩元	

金智秀（34 岁）

资产——负债状况		工资/储蓄/保险
存取款存折 50 万韩元 定期存款 2500 万韩元 定期零存整取储蓄 80 万韩元 基金 2460 万韩元 请约储蓄 680 万韩元 长期住房储蓄 580 万韩元 ETF 730 万韩元 变额年金 420 万韩元	负债无	工资 280 万韩元（税后）	定期零存整取储蓄 40 万韩元 积累基金 70 万韩元 请约储蓄 20 万韩元 长期住房储蓄 15 万韩元 变额年金 20 万韩元 实损医疗保险 8 万韩元
总资产 7500 万韩元 净资产 7500 万韩元	合计无	合计 280 万韩元	合计 2173 万韩元

与不懂理财的人结婚，你就自己累到死

要永远过平民生活吗

平民情侣，学习希望

金京南先生就是我们常说的"即使没有法律约束也可以生活的人"。第一次见过他之后，他的影子很长时间都浮现在我的眼前。他比任何人都要活得诚实、节俭，看上去好像一辈子都不会说一句对别人造成伤害的话一样，如此端正的一个人，为什么每天都活在对金钱的担心中呢？就算是遇到了自己一生的伴侣，为什么依然无法实现梦想甜美的新婚生活呢？为什么会因为结婚以及结婚之后对金钱的担心而彻夜难眠呢？

一周之后，他把我留给他的作业认认真真地写完了，然后用传真给我传了过来。因为我上次告诉他，不要用电脑写完了然后用邮件发给我，一定要亲自手写，然后用传真发给我。他的字体非常端正，就像他的品行一样，没有任何的拼写错误或者是语法错误，充满了诚意。下面就把给出的提问以及他的答案原封不动地搬上来给大家看一看。

假如让你回到 15 年前，最让你伤心的是什么事情

15 年前，我 17 岁。应该是高中 2 年级的时候。我在庆尚道的一个小山村里长大。朋友们都去了位于大邱或者是釜山的高中上学了，我则依然在我们郡里的一所学校上学，每天需要徒步1个小时才能到学校。那个时候的我，最向往的就是大城市。在我的眼里，那些每当放假的时候才会回来的朋友们看上去是那么帅气，我总是会把农忙时期晒得乌黑的自己与皮肤白净的他们作比较。虽然我们小时候曾经一起在小溪中光着脚丫子玩耍，但是那个时候我却渐渐感到了我们之间的差距，感觉到了伤心。

就是那个时候，发生了让我真正伤心的事情。因为我没能去眼巴巴等了很长时间的庆州休学旅行。我从出生到那个时候为止，从来没有去很远的城市旅行过，所以那次旅行可以说是我唯一梦想的旅行。当然是因为钱的问题而没能去成。那年因为干旱而没有迎来丰收，没有丰收也就没有钱，父亲在大白天就开始喝起了闷酒。在我们这个乡村学校里，我们这个年级只有50多个学生，所以从休学旅行的几天前开始，孩子们就到处炫耀着，准备着。当时的我，只能远远地望着，内心的忧伤可想而知。为什么同样都是乡村的孩子，我们家却更穷困呢？我当时真的觉得很伤心委屈。

假如你来到了15年之后，你会过着什么样的生活呢
（一定要从现在这个时间算起，想一想15年之后的自己）
孩子们有的上小学，有的已经上中学了（虽然我希望只生一个孩子，但是美爱却强烈要求生两个孩子）。我现在正在湖泊公园里散步。我已经47岁了。正在考虑要干点儿

与不懂理财的人结婚，你就自己累到死

什么。去年的时候已经名誉退休了。营业组升为高层的情况比较多，像我这样的资材管理方面的职员最高的职位也就是部长了，我已经从很久以前就知道这一点了。我工作期间认真努力，退休金与名誉退休抚慰金总共 2 亿韩元。但是，偿还了 1 亿韩元公寓贷款之后，1 年的生活费也正在一点点扣除，现在存折里的钱一共只有几千万韩元了。虽然我这几个月来一直在思考要用这些钱干些什么，但是一想到创业还是有些害怕。

在过去的 1 年里，我为了再就业给很多公司投过简历。每天都在焦虑不安的等待答复中度过。现在，再就业的希望已经没有了，自己创业的决心仍然没有。我真的不知道自己能不能立即找到自己能干的事情。

孩子们上各种辅导班的钱以及零花钱都不是小数目。内心觉得应该缩减每天支出的费用，但是却没有缩减的办法。我真不知道用完我那点儿退休金之后该怎么办。不知道是不是由于我在家里的时间变多了的原因，我们家的老大好像害怕看我的脸色，每天放学之后就会去上辅导班，辅导班结束之后就直接去读书室，直到晚上 12 点左右的时候才回家。周末的时候干脆就像住在读书室里一样。由于读书室是需要每月交一定的费用的，所以也是一笔很大的支出。妻子觉得交的那些读书室的钱非常浪费，总是说"放着自己家的房间不用，非要在外面浪费钱"，但是我们家的老大却固执地要去。

虽然善良的妻子看到我现在的样子内心很焦急，但是却一点儿都没有表露出来，这让我很是感激。我还没结婚的时候都是自己做饭吃，吃面类食物就会胃酸，妻子很清楚这一点，所以每顿饭都为我准备米饭，让我不禁感叹，这个世界上还有像我妻子这么好的女人吗？一天又一天，就这样艰难地坚持着。

金京南先生在 15 年前的时候因为钱而伤心委屈，15 年之后也因为钱而焦虑不安。为什么他所描绘的未来与自己现在的模样如此相似呢？我在给他这份作业的时候嘱咐他一定要给出具体而又现实的答案，但是看到他的答案之后我震惊了，没想到他竟然如此的诚实。后来才知道，他是听说了自己公司一位 40 多岁将近 50 岁的上司的故事，以及在报纸上看到的中年男子的故事之后，觉得与自己未来的模样很相似，所以以此为基础写出答案。

他把 15 年前的自己描绘成了一个没有任何希望的、贫穷的乡村高中生，15 年后的自己虽然是一个堂堂正正的大学毕业，然后工作了 20 多年的职工，但是却仍然是一个没有任何希望的中年人。真的是让人禁不住叹出一口气。他所面对的最大的问题其实并不是理财或者是资产管理问题。对他来说，当务之急应该是思想的转换。

我在进行了深思熟虑之后，给焦急等待着答复的他发了一份传真。因为我相信，对他来说，这份传真要比怎样理财、怎样进行资产管理等建议更有帮助。之所以没有使用电子邮件，就是因为我想让他可以把这张纸拿在手中认真地阅读。下面就把传真的内容写出来让大家看一看。

当金京南先生你 17 岁的时候，当你站在远处，一边羡慕着去休学旅行的朋友一边埋怨自己的父母的时候，有一

　　　　与不懂理财的人结婚，你就自己累到死

个为了实现自己的梦想而离开家乡的青年。他没有去上学，而是开始学习做生意。我们把他称为"赤手空拳实现梦想的男子汉"。他就是以"INDIAN"品牌开始，创立了时尚企业世正集团（sejung）的朴舜浩会长。他在自己的自传《赤手空拳实现梦想》中，是这样回忆自己的 17 岁的。

"虽然我的一生开始于庆尚南道咸安郡的山沟里，但是对更大一点的城市的向往，就像是绚丽的彩虹一样点缀了我的童年。在 17 岁的时候，年幼的我就来到了马山，开始学习做生意的基础，后来又去了'更大的世界'——釜山，掌握了做生意的哲学。到了 1968 年 5 月的时候，属于我的商店开张了，接着创立了制造企业冬春纤维工业，开始了我的第二人生。"

他在某家报社（《朝鲜日报》）的采访中曾经说过这样的一段话。

"被饥饿折磨的年轻时期，因为贫穷而受到的冲击正是造就现在的我的原动力。因为当时觉得没有必要学习，必须要去赚钱，所以离开了刚刚工作了 6 个月的事务所，在马山乘坐直达汽车，只身一人去了釜山。用了四天的时间在釜山市内转了个遍，直觉告诉我可以在服装卖场一边学习一边赚钱。于是，每到晚上的时候我就会在釜山服装市场里的针织厂帮忙，同时学习生产技术，白天的时候就去卖晚上制作出来的针织品。"

朴舜浩会长的故事可能仅仅是众多白手起家的故事之一。但是，我看了京南先生的答案之后，觉得一定要把朴舜浩会长的故事讲给他听。我觉得，那个 17 岁的贫穷的乡村少年怀揣着梦想走向成功的故事，可以为17岁的时候在担心钱，15年之后的现在仍然在担心钱，15年之后的未来还在担心钱的京南先生的人生提供新的动机。京南先生希望在自己孩子的印象中，自己永远是一个没有梦想，只知道担心钱的父亲吗？就像很久以前没能让自己去参加休学旅行的父母一样？

我觉得，京南先生不会因为这是一个常见的成功者的故事而把传真纸揉皱之后扔进垃圾桶里。当然，他可能会觉得这是一个随处可见的故事。可能认为虽然主人公出生于艰难的环境中，但是由于与生俱来卓越的能力，所以才会取得白手起家的成功。但是，一切都要看自己用什么样的尺度来度量。我把一切都交给京南先生自己来衡量。

他给我寄了一封回信，告诉我传真收到了。于是我很快又给他提了一个问题。下面就把那个问题以及京南先生的答案给大家看一看。

假如你来到了15年之后，你有30亿韩元的资产，你会过着什么样的生活呢

（一定要从现在开始算起，站在15年后自己的立场上进行回答）

我迷恋上了网球。虽然跟我同龄的朋友中过着安定生活的大部分人喜欢的运动都是高尔夫，但是我并不喜欢打高尔夫。不知道是不是因为小时候在乡村里度过了艰难的生活，我认为自然就应该是发展农业的地方，我只会觉得在绿色草地上挥动着球杆的我的模样很尴尬而已。

　　　　　与不懂理财的人结婚，你就自己累到死

我喜欢城市。我现在住在一山。我开着 RV 汽车，上次结婚纪念日，我还送给了善良的妻子一辆大众高尔夫作为礼物。

我现在住在一间 50 坪（1 坪约等于 3.3 平方米）的公寓里，楼下就是湖泊公园，在公寓附近还有幽静的小路，可以尽情地散步，所以我非常喜欢现在的房子。在小区里还有网球场，我每天早晨都可以打我喜欢的网球，这也是我最满意的一点。在我的这一生中，好像从来没有如此开心地享受运动带来的乐趣。中学、高中时期，每当放学之后我都要下地干活，由于体力并不好，所以总觉得非常吃力。由于年轻的时候总是被生活折磨，所以根本就不敢奢望能够尽情地享受自己喜欢的运动所带来的快乐。

当对方能够很好地接住轻快地越过球网的球的时候，我非常高兴。悠闲而又有品位的中年的模样是我到目前为止度过的最美好的时光。

京南先生的答案是围绕着我没有想到的网球展开的。虽然我对心理学一窍不通，但是我觉得，在想要享受象征着男性与都市的网球运动的京南先生的内心深处，隐藏着想要给自己受压抑的现在的状况一些转折的要求。不管怎么说，京南先生在现在的情况中所描绘出的 15 年后的模样，与拥有 30 亿韩元资产的 15 年后的模样是完全不同的。

过了几天之后，我再次见到了他。

"我现在觉得，虽然并不是只有我在艰难的环境中长大，但是对于像我这样辛辛苦苦地赚钱之后，仍然为钱担心的人们来说，没有钱是一个问题，但是没有希望却是更大的问题。第三个问题的答案，我大概修改了十多遍。当然，十多遍的内容全部都是幸福的内容。哪一种生活会更加有趣而美好呢？不停地这样思考之后就像进入了梦境中一样。虽然我也描绘过更加奢侈的生活，但是总觉得并不适合我，如果我最后给您寄去的答案中的生活能够实现的话，我就非常满足了。"

他的脸就像少年一样充满了阳光。已经不是拿着一箱抗疲劳饮料，小心翼翼地走进咨询室里时不安的眼神了。没有担忧之色的眼睛就好像是充满好奇的孩子的眼睛一样闪闪发光，让他看上去好像年轻了 10 岁。

"那么，让我们换一个想法怎么样？当然，我无法教给你可以赚到 30 亿韩元的方法。但是，我可以在京南先生的收入范围内，为你分析一下应该制订什么样的投资计划，应该怎样进行资产管理。我之所以会给你提出那些问题，就是因为刚才提到的两个字——'希望'。让我们来换一种想法吧。也就是说，让我们从现在开始一边愉快地进行充满希望的资产管理，一边描绘更加美好的未来。只有带着这样的心态去理财，去进行资产管理，金钱才会源源不断。"

美爱小姐的答案与京南先生的答案很相似。15 年前的过去的故事，讲述的是自己虽然很想学习小提琴，但是却只能听着主人家客厅里传出来的小提琴的声音羡慕不已。对 15 年后的想象也是因为担心孩子的学费而在超市结账台工作的模样。对于拥有了 30 亿韩元的第三个假设，描绘的则是自己优雅地为参加小提琴比赛的女儿鼓掌的模样。就

与不懂理财的人结婚，你就自己累到死

像是对于京南先生来说网球象征着心理的安定与经济的宽裕一样，对于美爱小姐来说，小提琴就是安定与宽裕的象征。

我没有给他们财务计划指导，而是把他们自己写的答案拿了出来。

"我认为钱也是一种生物。也就是说10元加10元并不一定是20元。根据你下定的决心的不同，以及具备的战略与价值观的不同，10元加10元有可能变成30元以上。让我们换一种想法。你们完全不需要预想自己未来的生活与现在一样，或者是比现在更辛苦。你们两个人比任何人都要诚实端正，你们以后也会继续诚实端正地生活下去的。所以你们比任何人都有资格成为富翁。"

他们两个人的WAM就是从那一天开始的。他们的内心深处已经明白了，结婚不再是另一个对钱的担心的开始，而是开始新的未来的希望的第一步。

可能会眨眼间一无所有

爱时髦情侣，阅读未来

用最近的话说，崔大浩、徐多妍这对情侣可以说是帅哥与美女的结合。过了一段时间之后，我也收到了他们的答案，虽然超出了我给的限定时间。他们的咨询时间也比其他的情侣迟到了10~20分钟，但是我完全没有惊讶。他们认为世界永远都跟他们站在一边，积极乐观的这一对情侣真的会像他们所信任的一样迎来美好的结局吗？当然，我可以确定的是，如果继续像现在这样发展下去的话，应该不会出现他们想要的结果。

梦想着某一天一举成名的崔大浩先生和因为拥有众多其他人羡慕的东西，从而相信不管什么时候都会比别人活得好的多妍小姐寄给我的答案看上去没有一丝诚意，甚至是刚看到的时候有些让人心情不好。他们肯定嘟囔着说："为什么让我们写这些啊？难道把我们当成了小学生吗？"虽然他们两个人都拿到了问题纸，但是不知道是不是一起回答的，就只寄来了一张答案纸。

与不懂理财的人结婚，你就自己累到死

（一定要从现在开始算起，站在 15 年后自己的立场上进行回答）

我们一个是品牌设计公司的理事，一个是国内意大利品牌的宣传理事。我崔大浩作为创立成员，拥有优先认股权的公司上市了，所以我拥有了巨额资产。多妍参加了一个时尚频道的节目，因为创新的想法而提升了收视率，多妍的身价也有了很大提升，成为了新的意大利品牌的企划、宣传理事。

我们住进了位于清潭洞的、私生活彻底受到保护的VVIP 别墅，有了一个 10 岁的女儿。明年的时候会开始准备女儿的国际教育以及我们夫妇的品牌研发，为此就要准备休假，计划在美国纽约修整 1 年。

我没有给这对情侣提出第二个问题。而是拟订了两种未来预测报告书寄给了他们。

第一份未来报告书就是，假定他们现在的资产规模与收入水平以后也会持续，以他们两个人现在的支出金额作为基础，对他们 15 年之后的经济状况作了预测整理。

他们这种情况真的很罕见，我看了一下从他们那里得到的工资收据的详细内容发现，他们实际的年薪要比他们告诉我的少很多。以崔大浩先生为例来看一看的话就会发现，从 6150 万韩元中除去各种税金的话，实际得到的还不到 5200 万韩元。但是，他跟我说他的年薪是 7000 万韩元左右。他用的还不是什么四舍五入计算法，竟然用直接进位的计算方法来计算自己的年薪。当然，他可能是因为在女朋友的面前想要把自己的经济状况说得更好一些，但是差距也太大了。多妍小姐也不知道自己的年薪税后的准确金额是多少。她对我说一个月拿到手的钱大约有340万韩元到400万韩元左右。

不管怎么说，从他们现在的经济状况来看的话，想要在江南租房子生活都很困难，更遑论住进清潭洞别墅。我在崔大浩与徐多妍情侣的未来预测报告书中是这样写的，他们必须把收入的50%存起来，10年之后才能贷款在江北置办一间小型公寓。而且，为此他们就必须要处理掉一辆汽车，上下班的时候利用公共交通手段才行。此外，我还具体地给他们写了一些内容，包括如果以后搬到更加宽敞一点儿的公寓中去的话，除去每个月必须要交纳的贷款利息以及需要偿还的本金、一辆汽车的保养费用、各种税金、育儿费用与教育费用、生活费用之后，他们能够灵活使用的文化生活费用每个月只有10万韩元左右。

但是，这些蓝图的前提就是，他们可以在现在的职位上工作10年、15年之后才会实现，如果有一方失去了工作的话，那么情况就会变得更加糟糕。

第二份未来报告书就是，假定他们过着自己想都没有想过的生活。有一方失业在家，也就是在10年、15年的时间里只有一个人赚钱养家的情况。虽然没有描绘两个人都失业的情况，但是并不是没有那个可能性。

反正第二份报告书的内容就是这样的。住在属于首都圈的十几坪的超小型公寓里，每个月都要偿还贷款利息，食品、服装以及化妆品、购物等全部都需要在打折商店里

与不懂理财的人结婚，你就自己累到死

解决。可能一年只能去一次百货商店。如果完全没有办法接受双方父母的帮助的话，一家三口就只能指望着一个人的工资生活了。由于结婚之前并**没有攒**下多少钱，所以就算是结婚之后勤俭节约地过日子，一辈子也只能在偿还公寓贷款利息或者是租金中度过。

当然，说不定会像崔大浩先生想的那样，在某一天股票升值，他得到了优先认股权，到了一家新的公司上班，一次性就拥有了巨额资产。但是，这样的概率毕竟很小，就像是购买彩票一样，在我的未来**报告**书中是没有这样的人生的。他们所梦想的那样美好的蓝图，只不过是夏夜里美好的梦而已。

崔大浩先生与徐多妍小姐收到我寄给他们的未来预测报告书之后，有很长一段时间都跟我断绝了联系。但是，不知道是不是在为结婚作准备的时候，明白了现实并不好对付，后来又来找我了。虽然与他们所想的攒钱的方法以及他们所追求的生活方式完全不同，但是他们不得不开始实践我给他们建议的 WAM。

在攒钱的同时树立梦想

聪明情侣，描绘自己的蓝图

对于给姜大贤、金智秀这对情侣提什么问题，让我苦恼了很长一段时间。不仅是因为我已经认识智秀小姐很长时间了，而且在见了他的男朋友姜大贤先生之后，我发现他确实是一个无可挑剔的新郎人选，不仅为人踏实稳重，而且在理财方面也有着自己独有的原则。所以我觉得应该给他们提一个稍微具有未来指向性的问题，让他们两个人可以向着共同的方向，树立全新的梦想。

我对智秀小姐他们提出的要求就是事业企划。因为我觉得他们两个人现在最需要的既不是结婚计划也不是资产管理计划，而是他们两个人以后要一起发展的事业计划。他们两个人的工作都非常好，所以并不是说要让他们立即开始新的事业。只不过是让他们从现在开始为了 10 年之后或者是更加遥远的未来，进行充分的研究与准备。

当然他们计划中的事业只不过是遥远的未来的事情，也有可能最终无法变成现实。走在人生的旅途中，有时候会觉得没有必要一定要承受风险。智秀小姐有可能会害怕从一个退休金有保障的教师变成一个事业家，大贤先生也有可能会认为工作与工资能够让自己的生活变得更加安稳。但是，就算是处于安稳的环境中，为两个人的事业作准备也完全可以让他们之间的关系变得更加牢固。

而且，由于他们是具备分析型经济观的情侣，所以如果他们涉足事业的话，成功的概率也是非常高的。所以对于他们来说，他们亲手制订的"10年事业准备计划"要比任何问题的答案更有意义。

他们说，为了制订我所说的10年事业准备计划，每次约会的时候都会凑在平板电脑前面绞尽脑汁地思考。由于真的具体地写在纸上，并且真挚地开会商讨，与平时茫然地讨论自己的梦想的时候又是完全不一样的真挚的感觉。而且因为是在讨论两个人共同的未来，所以内心非常激动。

他们觉得首先应该对智秀小姐感兴趣的布艺时尚事业进行详细地了解。由于现在布艺在西方已经不仅仅是女性们的业余爱好了，已经逐渐商品化了，所以他们有必要先扩展一下自己的见闻，也就是说他们觉得自己应该接触多种多样的领域，在其中添加一些以前完全没有见过的全新的要素。所以他们考虑去美术大学或者是时尚学院进行学习。

不仅是布艺，还有智秀小姐这段时间以来作为业余兴趣爱好从事的手工艺以及时尚剪贴等，全部放到博客上，可以与那些对这些方面感兴趣的网友一起分享。

大贤先生的专项就是理财与金融，所以对这两个方面非常了解，掌握着丰富的知识与信息。所以他们在讨论事业计划的时候，他觉得在智秀小姐进行时尚方面的学习的时候，他自己可以学习一下 MBA 课程。因为他觉得要是开展了个人事业，进行经营的话，仅仅依靠理财与金融方面的知识是不够的，而且他觉得扩展一下事业方面的人脉也是不错的。

他们觉得结婚之后，一直到生孩子之前的 3 年应该专心投入到学习中。在学业为重的学生时期，却从来没有想过学习是"我的学习"。一想到现在可以投入到自己喜爱的学习中，而且还是将来可能会成为"我的事业"的基础性学习，他们两个人就好像是参加小学开学典礼一样激动不已。

大贤先生与智秀小姐两个人都是在平凡的家庭环境中成长起来的，考入大学之后，零花钱以及一部分学费都是依靠自己的力量赚来的。尤其是智秀小姐，在上大学的时候一直在干兼职，凭借自己的力量赚取零花钱，有时候还可以把剩下的一部分用作学费。而且她还懂得把小钱攒起来变成大钱的乐趣，一点点向着更大的世界前进。

智秀小姐还说过，她觉得那些虽然赚了"钱"之后都存起来，但是却依然天天念叨着"钱、钱"，不停地因为钱而担心的人最让人担心。虽然一直不停地担心钱的问题，却又无法果断地审视自己的存折；虽然每个月都会看着自己的信用卡使用记录后悔，却又无法下定决心扔掉信用卡或者是换成支票卡，无法直面现实。

智秀小姐已经成为身边熟人们的理财导师了，她与大贤先生的 WAM 比任何情侣都要特别而甜蜜地开始了。

　　　　　　与不懂理财的人结婚，你就自己累到死

不要忌妒，
成为富翁情侣的另有其人
……

拉锯战已经结束了吗？
是不是会出现更好的对象呢？
结婚并不是在"这个程度"中决定的。
在遇到自己的另一半之前就把结婚日期确定下来。
只有一辈子都不停地绘制人生的蓝图，才会活出别人羡
慕的人生。

第二章
在见面礼之前
先确定结婚日期

WAM：即使还没有人生的另一半也要先确定结婚日期。

没有目标，是无法实现梦想的

首先确定假想结婚日期

几年前的初春，一位跟我很熟悉的出版社编辑突然跟我说，她要在那一年10月的第三个星期的星期六结婚，让我非常震惊。看来已经33岁的她，在这几个月的时间里就找到了自己要结婚的男人了。我说没想到竟然这么快就确定了结婚日期，还向她表示了祝贺，然后问对方是什么样的男人，但是没想到她非常平静地回答说："那只不过是我的计划而已。但是，看来无论如何也要在那个时候结婚了。在今年的图书出版计划中也加进了这一计划，哈哈！"

我没想到平时对待工作一丝不苟的她竟然也有如此让人意想不到的一面，虽然有些慌张，但是却也觉得非常有趣。

虽然我当时只是当作一个玩笑了，但是她很认真，而且好像还制订了非常详细的计划。那一年的10月末，真的给我寄来了请柬。虽然不是她计划好的时间，但是却真的在一个月之后的11月份举行了婚礼。我急忙给她打电话询问事情的缘由，她说由于自己不想在33岁之后再结婚，所以心思一转产生了这样的想法，但是没想到真的遇到了自己命中的白马王子。

她前不久生了第二个孩子，现在过着甜蜜而美好的生活。

我把这个编辑的故事讲给那些到我这里来进行财务咨询的未婚男女青年们听。当然，在那之前会先提问："你们准备什么时候结婚啊?"于是，不管是有没有正在交往的对象，大部分的人都会回答："想要在2~3年之内结婚"。(只不过差别是20多岁的人声音中充满了自信，而越是接近35岁的人，在他们的话尾都能够感觉到不安)我明明问的是他们的计划，但是他们回答的却是希望。而且仔细分析一下的话就会发现，其实他们的资产状况是很难在2~3年内结婚的。

前面介绍的金京南、李美爱情侣与姜大浩、徐多妍情侣也是如此。他们对于"什么时候结婚"并没有具体的目标。正是因为没有明确的目标，所以才会抱着"其他人都能结婚，总有一天我也可以"的想法安逸地生活着。虽然一直勤勤恳恳生活的京南先生会觉得大浩先生与自己的立场不同，但是他们却都没有为了结婚而对自己进行起码的审查，对自己存折的不管不问却是相同的。

如果没有具体计划的话，有可能会像美爱小姐一样，把大部分的资产都投进那些没到期之前就解约的话就无法收回本金的保险中，也有可能会像多妍小姐一样，连赚大钱的基础工程都没有准备好。多妍小姐仅仅是在内心怀着"要在3年之内结婚"的希望而已。由于目标如此模糊，所

与不懂理财的人结婚，你就自己累到死

以总觉得具体的准备应该没问题，总觉得父母应该会帮助自己，总觉得与自己的结婚对象商量一下就可以解决，总是这么安逸地生活着。但是，如此模糊地期待的结果只能导致这也不是那也不是的进退两难的状况。

在准备结婚的过程中，比起钱的问题，更应该思考、讨论的问题太多了。就算是准备好了结婚费用，在真正结婚之前还有许多难关等着自己。可能因为没有结婚的对象而茫然地等待着，就算是有了结婚的对象也有可能会因为对方的经济条件不满意而茫然地等待着。不仅如此，在准备婚礼的过程中，因为两家父母的不和而最终没有走进结婚礼堂的人也不在少数。只不过是因为只有钱的问题解决了，才能集中解决其他的问题，才能让结婚这件大事顺利地完成。

所以从财务的观点上来看，什么时候结婚的计划就变得相当重要。因为根据剩余时间的多少来准备结婚资金的方法也是不同的。有时候只需要存钱就可以了，有时候还需要掺杂一些基金等投资方式。有时候为了确保结婚费用还可能会选择 ELS（宜居生活资产信托）等稍微有些复杂的投资商品。还有一点，只有设定了具体的金额，才能够在剩余的时间里找到最有效的方法，才能够毫无差错地准备结婚费用，也就能够在自己希望的时间里结婚。

如果想在 3 年之内结婚的话，就必须要具体地思考一下在 3 年的时间里应该通过什么样的努力与方法来实现这个目标，并且还需要把计划变成实践。只有付出这样的努力，才能产生"吸引对方的力量"。大家可以听一听周围那些结了婚的人们的故事。看一看他们是不是与走在路上的时候"偶然间"遇到的人"无论如何都可以"就交往了，然后"意想不到地"就结婚了，最后过着"自己想要的"生活。所有人肯定都是经历了各种波折之后，一点一点地克服那些矛盾，最后才走进了婚姻的殿堂。

在这本书的读者中，肯定有已经确定了结婚日期，正在紧锣密鼓地做着结婚准备的人，也有刚刚确定了结婚日期，怀着激动与担心而不停地搜寻着相关信息的人。但是，大部分的人肯定都是没有确定具体的结婚日期的人。那么，希望这样的读者在读完这本书之后，能够立即确定"自己的假想结婚日期"。为了把那一天变成自己的人生中最美好幸福的一天，就从现在开始进行战略性的准备吧。那么一定会成功地走进婚姻的殿堂。

虽然并不是一定要结婚，但是也不是只要时候到了任何人都可以结婚。把偶然变成必然是需要投入努力的。如果下定决心要结婚的话，那么最先要做的就是制定一个有着具体时间的结婚目标。为了实现那个目标，就需要制订一个有关心态、金钱、时间、日常生活方式转变的计划。

与不懂理财的人结婚，你就自己累到死

努力地赚钱直到结婚那一天
转换成为结婚作准备的资产模式

偶尔会有人问我："我可以跟这样的男人（女人）结婚吗？"就像两个人一起来作咨询，当男朋友暂时出去的时候，问我"我可以结婚吗？"这个问题的多妍小姐一样。

只要不是非常难堪的情况，我一般会从一个财务计划专家的角度给他们提供建议。我会给前来咨询的女性们提出这样的建议，让她们避开那些没有胆量只有虚张声势的外在的男人，以及对理财没有任何关心、没有梦想的"赚一点儿花一点儿"的典型的上班族。对于那些前来咨询的男性则会说，如果是那些到了适婚年龄仍然没有脱离父母，没有取得经济独立，只知道从父母那里拿零花钱的花瓶式的女人，以及因为非常担心钱而不停地唠叨"钱、钱"的女人的话，就算是结婚了，也不会过上幸福美满的生活的。

听了他们的问题之后，我就会反问他们："对于你未来配偶来说，你是一个什么样的人呢？"这是在告诉他们，在考虑对方是不是优秀的结婚对象，是不是能够成为富翁的对象之前，首先要看一看自己是否能够成为那样的配偶。作为一个已经结婚20年的人生前辈，这是我在经历了无数次的错误之后得到的无价的教训，所以希望大家可以仔细思考一下。

那么，为了成为可以变成富翁的对象需要作出什么样的努力呢？如果已经制定出了正式的结婚目标的话，就先考虑一下准备结婚费用的方法吧。首先要做的事情就是预算一下结婚费用，然后了解一下现在的消费支出，了解清楚之后转换为有计划性的消费模式，然后还要增加储蓄。就算是现在结婚资金已经基本准备好了，也需要这么做。仔细了解一下储蓄或者是基金、保险等金融商品，把那些与自己确定的假想的婚礼准备不合适的部分全部去除，然后换成自己需要的金融商品。只有把自己的资产模式完全转变为结婚的资产模式，才能够顺利地准备好结婚资金。

如果到现在为止一直是茫然地进行着情绪化的、用来夸耀的消费的话，那么从现在开始可以准备一个账本，让合理的消费生活变成一种习惯，在不知不觉中增加自己的储蓄。女性们并不是说自己已经准备好了结婚费用就万事大吉了。如果是计划与同岁的男人结婚的话，就更应该这样做，因为现在首尔附近以及其他大城市的房价已经上涨了很多，与自己同岁的男人在不借助父母的帮助的情况下，是很难准备好房子的租金的。

如果茫然地等待着男人作准备，或者是茫然地找寻那些具备这些条件的男人的话，结婚又只能被推迟到 3 年之后了。

美爱小姐因为去了保险公司工作的前辈给出的错误的理财建议，加入了在 5~6 年之后才能够收回本金的长期储蓄性保险。在与男朋友谈婚论嫁之后，去保险公司咨询了一下解约之后能够收回的本金数额，了解之后才发现只能收回自己这段时间以来投入的钱的一半左右，只有 1250 万韩元而已。

"前一段时间为了准备结婚的资金，每个月都把节俭下来的钱投入保险中，但是到了真正要用钱的时候，竟然只能取回一半而已，这也太荒唐了。用 1250 万怎么准备结婚啊？介绍我加入这个保险的姐姐当时跟我说两年之后就可以取回本金，而且利息也会上涨的。"

美爱小姐当时听那位姐姐说，结婚的时候也不需要解约，只需要进行中途取款就可以了，结婚资金完全不是问题，10 年之后不仅可以免税而且还可以享受一定的福利，所以她听取了那个姐姐的话加入了保险，每个月一半的工资都交了保险费。虽然没有攒下多少钱，但是她原本觉得只要在嫁妆与礼单方面节约一点儿的话，明年应该是可以结婚的，但是如此一来的话，就算是把男朋友的年薪以及资金全部考虑在内，也还需要借钱才能结婚。但是，无论怎么考虑都觉得欠债很有负担，所以她正在考虑要把结婚往后推迟。

像美爱小姐这样的未婚女性们，位于第一位的财务目标就是结婚资金。所以，不管现在有没有要结婚的男人，都必须要依靠自己的能力打下能够结婚的经济基础。只有这样才能够在遇到自己的理想型对象的时候，毫不犹豫地立即结婚。如果觉得"现在又没有男朋友，为什么要准备结婚资金啊？"而流连于名牌包包中的话，当真的遇到非常喜欢的男人的时候，有可能就会陷入因为钱而产生的结婚苦恼中。

我决定跟美爱小姐一起找一找能够让她不用借钱也可以在明年结婚的方法。只要把 CI 保险的交保金额从 13 万韩元缩减到 5~6 万韩元，果断地把每月需要交 60 万韩元的免税储蓄保险与变额万能寿险解约，然后转为储蓄存款就可以了。此外，即使只有 1 年的时间，也应该立即投入到结婚的模式中，减少不必要的消费支出，把每月的存款增加到 80 万韩元，虽然在 1 年之后与报道的女性平均结婚费用 2936 万韩元（2011 年韩国女性家庭部发表标准）还差一点儿，但是对于准备结婚来说，这些资金绝对没有问题。稍微不足的那一部分，只要再勤俭节约一下就可以解决了。

看了美爱小姐的情况之后，我们就可以明白制订一个假想的结婚日期，然后进行有计划地准备是多么的重要。如果计划在 3 年之内结婚的话，绝对不能把自己工资的大部分都投入到那样的保险中。但是这样的事例却比比皆是。

保险公司的职员往往会说你是什么"金小姐"（Miss Gold），会告诉你因为结婚年龄越来越晚，所以女性们也必须要为自己准备经济基础，然后就会劝说你购买中长期的保险，还会告诉你只要在结婚的时候进行中途取款就可以了，所以大部分人就是在听了这些话之后完全看不到自己的计划，毫不犹豫地就签约了。

就算是因为过去的失误而遭受了损失或者是经历了痛苦，只要像美爱小姐一样从现在开始修改战略投入到准备中就可以了。那么，下面就让我们一起来了解一下转换结婚资产模式的具体方法吧。

第一、确定结婚费用

首先要确定结婚费用。这个时候重要的是要制定一个没有父母帮助的，完全靠自己准备的平均目标。从这个时候开始婚礼就成了将要开始的"婚姻生活"的出发点。绝对不能因为朋友们都在豪华的酒店里举办了婚礼，收到了香奈儿包以及蒂芙尼钻戒，就毫不顾忌地进行模仿。想一想小时候从妈妈那里听到的"谁家的孩子怎么样"这样的话的时候，自己有多么厌倦吧。不要丢掉这一个可以制造出只属于自己的独一无二的结婚故事的珍贵机会。为什么要让自己变得寒酸呢？让我们制定一个现实的目标，描绘只属于自己的故事吧。

如果确定了结婚费用的话，把目标深深地牢记在心里，时刻提醒自己一定要达成这个目标，那么对结婚的茫然的想象将会转换为具体的想法。

第二、无条件地把不必要的保障性保险整理掉

进行了长时间的财务咨询之后，我发现最让人头疼的事情之一就是过度的保障性保险费用。虽然没有保险或者是保障内容不真实是个问题，但是投入不必要的过多的保险费用更是一个大问题。保障性保险的目的就是在平时交一些小钱，为以后可能会出现的危险作防备。还必须要考虑的一点就是结婚之后还需要为丈夫以及子女支付保险金。如果把家人的保险金都计算在内的话，将会是一笔非常大

的开销，会成为生活的一大负担。

以 20~30 岁的未婚女性为例，以保障到 100 岁为止，需要连续交 20 年费用为标准的话，每个月交 5~7 万韩元就足够了。如果多于这个金额的话，就需要考虑一下改变了。可以选择以保障实损医疗费为主的癌症与成人病以及伤害或者是赔偿程度的、必须要有的保障性保险就可以了。

结论就是，要避开费用比较高的保险。当对那些加错的保险进行修正的时候，遭受最大损害的就是保险。还需要提醒一下的就是，如果在加入保险的时候对解约偿还金额留有迷恋的话，将会付出惨重的代价。

顺利加入的保险是没有必要解约的。到 100 岁期满的时候 1440 万韩元（假定一个月的保险费用为 6 万韩元，20 年的时间里投入的保险费用）的实际价值会是什么程度呢？大家不要惊讶，用现在的价值来计算的话大约是 92 万韩元（以 30 岁为标准，假设物价年平均上升率为 4%）。

第三、要把工资的储蓄看得比收入更重要

如果计划在 3 年之内结婚的话，应该把资产运用的核心放在工资的最大限度的储蓄上，而不是绝对收入。虽然是以前的故事，但是依然可以借鉴，由于 2008 年的金融危机，加上因此触发的国际股市暴跌，导致无数的基金只收回了一半。那个时候准备结婚的无数情侣都留下了伤心的血泪。为了让结婚资金增加一点，把一切都投入到了基金中，但是却只收回了一半，所以大部分人都无可奈何地把结婚推迟了，当然也有一部分情侣分道

扬镳、形同陌路了。

当时大部分的人对基金并没有进行过多的学习，大部分都是以"不问"的形式进行投资的。到了真正该投资的时候却停止交钱，当股价上升的时候，为了多赚一分钱又不停地往里投钱，结果遭受了重大的损失，这对于将要结婚的情侣来说真的算是超级大的灾殃了。

最近免税储蓄保险非常受欢迎。就算是银行，也会跟你说储蓄时间超过10年的话，就可以"免税"，劝你加入长期储蓄保险，保险公司的设计师们也会大喊着"福利"劝说大家购买长期储蓄保险。在TV购物频道里，离销售结束还有几分钟的时候，就会传来导购焦急的声音，电话营销员也会说如果加入免税储蓄（实际上就是长期储蓄保险）的话就会取回本金的一半作为利息，以此来诱导你，不让你挂断电话。

当然，储蓄超过10年的话，就会免税而且还会有福利。但是，重要的是，在自己想要结婚的3年里，是很难拿回本金的。1~2年就更没什么可说的了，3年之后结婚，但是却没有足够的钱，那么要怎么办才好呢？最好的解决办法就是解约。但是，如果那样的话连本金都拿不回来了。没有其他的方法了吗？没有！

在阅读本书的读者中，那些把准备结婚资金作为财务目标第一位的人应该要远离长期保险，应该无动于衷才行。如果不是为了晚年的幸福，为了稍微减轻一下负担而加入年金保险的话，对于将要结婚的人来说都是不合适的选择。除了那些在3年之内可以实现"本金保存＋α"的商品之外，对于其他的金融商品都应该进行仔细研究，一定要三思而后行。

第四、越是靠近最终日期，就越应该把投资资产转换为安定资产

如果现在正通过积累基金类型的投资方法赚钱的话应该怎么办呢？由于仅仅依靠现在银行给的预存款的利息无法让钱升值，所以有一部分人选择了积累基金等投资类型。虽然不能在自己希望的时间里保障本金，但是也需要努力地把收入增加一点儿。但是，由于是准备进行长期性的投资，所以就要抛弃认为3年之内一定会取得收益的想法。因为任何人都无法保证在你要结婚的时候2008年的全球金融危机不会重演。

如果决定在1~2年之内结婚的话，希望可以避开积累基金这样的投资类型。虽然利息稍微少一些，但是利用银行的预存款作为结婚资金还是比较合适的。对于准备在1~2年之内结婚的人来说，守住本金要比绝对收入更重要。

那么，如果已经加入了积累基金，而且现在正在交钱的话，应该怎么办呢？如果是这种情况的话，就应该制定一个目标收入，达到目标之后就应该撤回，然后换成能够守住本金的投资类型。这个时候一定要合理地制定目标收益。如果把目标收益率定为年20%~30%的话，有可能会错过回收或者是实现收益的时间。一般情况下把目标收益率定为银行存款利息率的两三倍就可以了，也就是说年8%~12%的收益率是比较合理的。

与不懂理财的人结婚，你就自己累到死

如果已经准备好了结婚资金的话，可以毫无负担地对积累基金等进行投资，追求更高的收益。但是，在这种情况下，最好也制定一个合适的目标收益率，然后在适当的时期收取利益。

如果结婚计划比3年还要晚的话，储蓄与基金的比例可以是7：3，也可以果断地定为5：5，只要在靠近结婚时期的时候，缩减一点点基金的比重就可以了。准备好了自己预定的结婚资金之后，应该继续进行投资。根据预定的结婚时期对"安定资产：投资资产"的比例进行设定，只要在靠近结婚日期的时候提高投资资产转换成安定资产的速度就可以了。

第五、增加储蓄

计算一下到假想的结婚日期为止，在剩余的时间里自己需要积攒的净资产（资产－负债）与自己到目前为止已经积攒的净资产之间的差异。那么就可以知道到预定的时间为止，为了准备不足的资金，每个月最少需要存储多少钱。这个时候不要考虑利率以及收益率，单纯地计算一下本金。暂时放下认为基金可以更快地赚到钱的想法，有赚就有赔。

让我们假设制订的结婚计划是3年以后，结婚的目标资金是3000万韩元，而现在的净资产只有1000万韩元。单纯计算一下的话就会发现，在剩下的36个月的时间里，每个月需要存储或者是投资55万韩元。

如果现在每个月可以存储55万韩元或者是多于55万

韩元的话，就没有必要担心，但是，如果做不到的话，就会出现问题了。在不欠债、不给父母增加负担的情况下，可以选择的方法只有两种：把结婚推迟，或者是减少支出、增加存款。也就是说首先要勒紧裤腰带准备结婚资金，要减少消费支出。

但是，为了没有确定日期的结婚而筹集资金，整天不吃不喝地攒钱的话，只能增加压力，那么就很容易陷入其他的诱惑中。但是，如果自己制定了具体的 3 年之后结婚的目标的话，这个程度的压力是完全可以承受的。所以说目标是非常重要的，因为目标就是梦想。

与不懂理财的人结婚，你就自己累到死

不要兴奋，
其他人也会结婚
……

因为一辈子就一次，所以要成为一辈子的回忆？
在家人、朋友眼里一定不能太丢脸？
不只是我会结婚。
不要把所有的钱都用在婚礼上，
首先要利用 WAM 为成为富翁作准备。

第三章
在为结婚作准备之前，
首先要为成为富翁作准备

WAM：节约结婚费用然后转换为一辈子的资产。

结婚礼服越华丽，婚姻生活就会越寒酸

"继续这样下去的话，可能需要把结婚向后推迟了。"

有一天京南先生来找我，一边这么说一边叹了口气。与美爱小姐一起来进行过咨询之后，他也来听过多次理财讲义，还邀请我给他进行金融投资商品的咨询。现在看来，好像是准备明年初结婚的计划出现了差池。

"我原本决定明年春天一定要结婚的，但是在见了美爱的父母之后，一下子变得没有信心了。他们问我房子的问题怎么解决，由于我不能对他们说谎，所以就坦诚地说想要付年租租一间公寓的话，我的钱并不够，他们听了之后表情一下子变得僵硬了。他们说反正美爱现在年纪也不是很大，所以让我们把结婚推迟一下，努力地攒钱，哪怕是面积小一点儿，也一定要付年租租一间公寓生活。"

婚房的问题是结婚的时候面临的最大负担。京南先生现在的存款要比第一次来进行咨询的时候多了 500 万韩元左右，都是省吃俭用节省下来的。虽然他现在对理财也产生了兴趣，而且开始学习了，但是由于现在已经决定结婚了，所以把重心放在了保存收入上，而不是收益，因此决定继续维持增加储蓄的方式。到明年春天的话可以再增加

700万韩元左右，总资产就会达到5200万韩元左右。暂且不考虑婚礼的费用，这些钱连联排式住宅的年保证金都不够，租住公寓的年租金就想都不用想了。

就算是他们两个当事人对结婚的想法一样，两家父母的想法也是很难统一起来的。所以说结婚并没有想象中那么简单。这种情况下可以把两个人的资金合起来交公寓的年租金，但是美爱小姐并没有攒下多少钱，而且还有很大一部分钱都投入了保险中，所以起不到很大的帮助。

京南先生决定就算是贷款也要交年租金来租一间公寓，所以就去了解了一下公寓现在的行情。由于他们决定美爱小姐在结婚之后依然上班，所以准备在离两个人工作的地方都不算远的紫阳洞找房子，了解了行情之后让他不禁发出了"啊!"的一声。

"盖好了将近20年的仅仅20坪的公寓一年的保证金居然要2亿2000万韩元。看来是无法在紫阳洞选房子了，所以决定改变方向，想在首尔的郊区看一看，就算是上班麻烦一些也没关系。但是据说就算是郊区，一年的保证金至少需要1亿5000万韩元。美爱内心里是希望我问一问我的父母能不能帮帮忙，但是他们只不过是一辈子在农村种地的人而已，怎么会有几千万的存款呢?"

如果京南先生想要在首尔郊区租一间67平米（大约21坪）的公寓作为婚房的话，就需要从银行贷款1亿韩元左右。但是，想要进行低利率新婚夫妇年租金贷款是有限制条件的，夫妻两个人的年薪之和的上限为3500万韩元，可是他们夫妻的年薪合起来为4800万韩元，已经超过了这个

　　　　　与不懂理财的人结婚，你就自己累到死

上限。如果他们无法进行新婚夫妇贷款的话，每年贷款的年利率就是 5.4%，按照两年之后暂时偿还本金的方式进行贷款的话，1 亿韩元每个月的贷款利息就足足有 45 万韩元。

他们两个人的月均工资为 400 万韩元，从中扣除贷款利息、生活费、各种红白事的费用、向父母尽孝道的花费以及保险费用之后，每个月还可以剩余 150 万韩元。就算一分都不花，把这些钱都存起来，也需要一直坚持存 67 个月才能把 1 亿韩元的贷款还清。而且，如果想在 67 个月里把所有的债务偿还的话，还必须不能出现任何变数。如果发生任何小变数的话，还债的时间就不是 5 年了，就算是过了 10 年也无法偿还所有的债务。

可能性最大的变数就是两年之后年租合同到期的时候，房东要求增加年租保证金。按照最近的情况来看的话，一间 20 坪左右的公寓如果想续约的话，租金至少会上涨 2000 万 ~3000 万韩元左右。这种情况下，如果想继续在那里住下去的话，这段时间为了还债而存起来的钱（月 150 万韩元×2 年 =3600 万韩元，不包括利息收益）的大部分都要用来交上涨的年租保证金。

还有另外的变数。如果美爱小姐怀孕了，在将要生产之前不去上班的话，他们的收入就会减少。生完孩子之后的保育问题也是一笔非常大的开支。如果父母不帮他们带孩子的话，美爱小姐税后的工资 150 万韩元中 80 万 ~120 万韩元就要用来请保姆。虽然因为政府的免费保育政策可以减少一部分保育费用，但是自己仍然需要花费一部分保育费用，这也就意味着偿还债务的速度会有所减缓。

也有可能会发生更大的变数。在一定的时间里他们两个人中可能会出现一个或者是两个失业者。虽然正是应该努力工作的年龄，但是有可能会因为类似于国际危机等国家状态或者是公司的竞争力低下等原因而失去工作，这些都是与本人的意愿无关的。

有可能会发生让人心痛的事情。双职工家庭里，由于社会的保育环境比较恶劣，所以妻子很难同时兼顾工作与育儿。在某一个瞬间可能会感觉到疲倦，可能会想要专心育儿，但是由于债务问题而不得不继续工作，这种让人心痛的事情比比皆是。

最近，新婚夫妇们通过年租金贷款来准备婚房的比例越来越高了，也就是说新婚生活伴随着债务开始。所以wedding poor就变成了honeymoon poor，而honeymoon poor又变成了house poor。根据最近的资料来看的话，平均结婚费用不少于2亿韩元。虽然结婚年龄越来越延后，达到了30多岁，但是工作了6年左右的两个人是很难筹集2亿韩元资金的。如果不接受父母的帮助的话，想要过没有债务的生活是不可能的。但是，其他人也都是用这么多的费用结婚的，我也要理所当然地用这么多的费用结婚吗？

与不懂理财的人结婚，你就自己累到死

带着债务开始的新婚，预示着一辈子的负债生活

所有的事情都会根据第一步走错而发生改变。婚姻生活也是如此。"婚房必须要男人准备"VS"女人也可以进行补助"，"就算是欠债也要在公寓中开始新婚生活"VS"实际性的选择要比体面更重要"，这些不同的选择将会在5年之内带来非常惊人的结果。

最近的年轻男女们好像把婚房当作了用来向别人展示的房子，就像一种样板住宅一样。我们在买房子的时候也经常是先对样板房进行评价，然后再决定要不要购买。但是，样板房并不能把房子的真正价值展现出来。婚房也是如此，不要因为别人的视线与体面而在结婚的同时背负债务。在"用债务建造起来的房子"里是无法享受幸福的新婚生活的。在不知道什么时候就会倒塌的沙上阁楼里怎么可能舒舒服服地梦想美好的未来呢？

我突然想起了一个对房地产投资具有独到见解的女士给我讲的故事。她管理着十多栋公寓，有的是月租，有的是年租，她说大部分的新入住者都是新婚夫妇。但是，最近以年租的方式入住江南一间小公寓的新婚夫妇仅仅在住了6个月之后就联系她说不住了。由于公寓比较老了，他

们住进来的时候还重新把墙面都裱糊了一遍，而且还把厨房的水槽都更换了，我还以为他们会住很多年呢，但是没想到仅仅住了6个月就搬走了，于是就去向房地产公司问了一下。她说其实稍微有点儿担心，以为他们这么快就离婚了，但是听到的答案却让她觉得很荒唐。在过去的6个月里差不多每个月都会有两三次来祝贺的，所以会招待很多人，但是现在6个月过去了，几乎没有什么可以招待的人了，没有必要展示他们的房子了，所以决定搬到附近的联排式住宅中生活。为了住进这间公寓他们差不多欠了2亿韩元的债，实在是感觉没有信心偿还这么多债务，所以才下定决心要搬家的。但是，如果想住进附近的联排式住宅中的话，也需要欠1亿韩元左右的债务才行。

由于跟我讲这个故事的夫人也有两个儿子，所以这对30多岁的年轻夫妇的不懂事的行为让她很气愤，就像是自己的孩子这么做了一样。她想起了当时连一个带厨房的年租房都租不到，不停地搬家的自己的新婚生活，露出了苦涩的笑容。

让我们仔细想一想婚房的真正意义以及用途。结婚以后就会知道，在生孩子之前，新婚夫妇一起在婚房里度过的时间并没有想象中那么多。除了刚结婚之后前来温居的人之外，客人也不多。而且，如果是双职工夫妇的话，每天很早就会出门，到了晚上才会回家。周末或者是休息的时候也会外出，或者是去父母家，所以自己家很多时候都是空着的。

真的有必要推迟结婚或者是背负无法承担的债务来置

　　　　　与不懂理财的人结婚，你就自己累到死

办这样一个大多数时间都是空着的房子吗？还不如在"没有债务"的情况下，稍微简陋地开始，然后尽快攒钱，在下一个阶段的时候搬到现在想要置办的婚房这种程度的房子里。两个人一起努力，实现梦想的速度要比一个人努力的时候快很多。

把像京南先生这样借钱开始生活的情侣，与虽然财政状况相似，但是并没有欠债而是朴素开始的一对情侣5年之后的财产状况进行比较的话，就更能够理解我在上面说的话。虽然这两对情侣的月收入以及生活费支出模式可能会有所不同，但是我们在这里假定这些都是相同的，而且一年里没有收入上升或者是利息的收入，下面就让我们比较一下结婚之初以及5年之后这两个家庭的资产—负债状况吧（参考64~65页图表）。

当我们假定这两对情侣收入与支出都相同的时候，最初的净资产差异为3000万韩元，那么5年之后净资产的差异会扩大到6000万韩元。10年之后，如果没有什么大的变数的话，那个落差是不会缩小的。就算是假定他们的消费支出习惯与储蓄习惯相似，背负着1亿韩元的债务开始的新婚生活与没有任何债务的新婚生活，从结婚的那一瞬间开始就出现了差异，随着时间的流逝就会因为"福利"而出现落差。

背负着 1 亿韩元债务开始的京南与美爱情侣的资产——负债现状

资　产	负　债
公寓年租保证金：1 亿 5000 万韩元	年租金贷款：1 亿韩元
资产合计：1 亿 5000 万韩元	负债合计：1 亿韩元
净资产：5000 万韩元	
收　入	支　出
月 400 万韩元（夫妇合计）	生活费：200 万韩元
	年租金贷款利息：50 万韩元
储蓄能力：150 万韩元	

没有债务开始的情侣的资产——负债现状

资　产	负　债
联排式住宅年租保证金：8000 万韩元	无
资产合计：8000 万韩元	负债合计：无
净资产：8000 万韩元	
收　入	支　出
月 400 万韩元（夫妇合计）	生活费：200 万韩元
	年租金贷款利息：50 万韩元
储蓄能力：200 万韩元	

与不懂理财的人结婚，你就自己累到死

背负着 1 亿韩元债务开始的京南与美爱情侣 5 年之后的资产——负债现状

资　产		负　债
公寓年租保证金:1 亿 5000 万韩元 金融资产:9000 万韩元		年租金贷款:1 亿韩元
资产合计:2 亿 4000 万韩元		负债合计:1 亿韩元
净资产:1 亿 4000 万韩元		

没有债务开始的情侣 5 年之后的资产——负债现状

资　产		负　债
联排式住宅年租保证金:8000 万韩元 金融资产:1 亿 2000 万韩元		无
资产合计:2 亿韩元		负债合计:无
净资产:2 亿韩元		

　　最近，很多人都认为 1 亿韩元的贷款根本没什么大不了。但是，如果攒钱的话就可以知道，想要攒够 1 亿韩元需要多少时间与努力。看一看找我作过咨询的那些顾客就知道了，有 1 亿韩元左右金融资产的未婚或者是新婚夫妇真的是很稀少。

　　虽然看上去是随着时间的流逝，只要认真努力地生活，金融资产自然而然地就会增加，但是生活的过程中需要花费的钱也越来越多，由于大部分的钱都投资到房子中了，所以能够看得见的现金资产并没有想象中的那么多。而且，如果有 1 亿韩元的贷款的话，每个月还要向银行支付借钱的代价，所以就失去了可以存储的那部分利息。

当然，生了孩子之后，随着孩子的成长就迎来了必须要购买房子的时期。由于最近的房价昂贵，所以在不贷款的情况下买房子是非常困难的。但是，如果从租住别人的房子的时候就背负了债务的话，那么"拥有自己的房子"就会变成更加遥远的事情。因为光是追赶不停上升的年租金就气喘吁吁了。如果在这样的状态下还去借钱买房子的话，那么"house poor"就会成为自己家庭的故事。一辈子都会被债务束缚住手脚，想用的东西不能用，每一天都会在内心的煎熬下生活。很可能会因为瞬间的错误选择而把自己以及家人的未来抵押进去。

结婚是婚姻生活这个长期过程的出发点。开始漫长旅行的人们必须要一身轻松才行。不要在意别人生活的模样或者是他们的视线，应该按照自己以及家人现在的状况作出符合实际的选择。说不定朋友们那看似风光华丽的新婚生活中有不为人知的苦恼。我们所羡慕的他们的漂亮房子有可能是用债务换来的。

就算是最开始的时候不满意，也让我们在没有债务的前提下配合自己的实际情况开始吧。如果树立明确的目标，努力 3 年的话，自己就可以变成原本羡慕的朋友的模样。生活一段时间就会发现，在新婚的时候不在意别人的视线，不用在意孩子的视线，就算稍微有些不方便，看上去稍微有些没有品位，也可以过上幸福快乐的生活。能够相互安慰"我们现在是新婚，现在才刚刚开始而已"，过着幸福甜蜜生活的时期只有新婚时期。

与不懂理财的人结婚，你就自己累到死

如果过分注重婚房的话，就无法看到变成富翁的苗头

"居住在首尔或者是首都圈里面的 30 多岁的男女的未婚比例是多少呢?"

这是我在以未婚男女为对象进行咨询或者是上课的时候一定会提出的问题。大部分人都无法立即给出答案，都会不确定地摇摇头，当我告诉他们将近 50% 的时候，他们都会非常震惊。如果我接着告诉他们男人是"无法"结婚，而女人是"不"结婚的时候，他们都会用觉得很有趣的表情看着我。如果我再告诉他们男人们是因为没有钱而"无法"结婚，女人们是因为不想这么早就与没有钱的男人一起过穷日子，想一边做自己喜欢的事情一边享受"华丽的单身"生活，所以才"不"结婚，男人们的表情一下子就变得黯淡了，女人们则像是觉得很有趣一样笑起来。

当然我也不会忘记告诉他们让男人们恢复自信感的话。女人们到了 35 岁左右的时候就不再是"不"结婚，而是"无法结婚"，因为有能力的 35 岁左右的男人不会选择与自己同龄的 35 岁左右的女人结婚，他们都会选择 20 多岁的年轻的女人。所以这个时候并不是自己选择要结婚的男人，而是必须要等待着被选择，因此很有可能会"无法"结婚。

在我开始婚姻生活的 1990 年年初的时候，男人在结婚的时候准备婚房要比现在容易得多。69 平米（约 21 坪）公寓的年租保证金只需要 4000 韩元（假设物价上升率为年均 4% 的话，用现在的价值来计算的话大约为 8640 万韩元）左右。

而且，那个时候跟我同龄的朋友们大部分都是在多世代住宅的半地下室开始他们的新婚生活的，条件稍微好一些的朋友则在地上 20 坪左右的小型年租公寓中开始新婚生活。由于女人身边的朋友大部分都是那么开始的，所以就算是在稍微简陋一些的房子中开始婚姻生活也不会觉得太委屈。

在当时，"男人准备房子，女人准备嫁妆"这个公式对双方来说都没有太大的负担，大部分人都会在 30 岁以内结婚。

但是，现在的情况变了。现在"男人准备房子，女人准备嫁妆"这个公式已经不可能成立了。没有任何债务，在 20 坪左右的年租房里开始自己的新婚生活，是所有人的梦想，但是却是一个很难实现的目标。

首尔以及首都圈里的 20 坪左右的公寓的年租保证金都在 1 亿 5 千万韩元左右，并不是男人们努力地攒 3~4 年就可以的。如果想要在那个时期结婚的话，要么是有富裕的父母，要么是在地方上开始新婚生活，要么是用光平凡父母的养老金，或者是借钱。

在这样的时代里，必须要抛弃"结婚的时候当然应该是男人准备新房了"的固定观念以及"最起码要在首尔或

与不懂理财的人结婚，你就自己累到死

者是首都圈里的 20 坪左右的公寓里开始生活"的条件。如果不那样做的话，现在已经接近 50% 的未婚率还有继续升高的可能。如果因为婚房产生的负担增大的话，那个比率将会无限增高，无法结婚的男女的非资源性的"非婚"一族将会增加。

如果想改变这样的不现实的结婚文化的话，首先女人们就要发生改变。在韩国大部分的女人都会跟比自己年长三四岁的男人结婚，由于现在的就业问题比以前严重，所以他们就必须要在学校里继续深造，多积累硬件条件，而且还要去军队服役。还有人毕业之后会复读。在这样的情况下，怎么能够在 2~3 年的时间里准备将近 2 亿元的结婚资金呢？同龄的或者是比自己年轻的男人就更不用说了。

所以，女人们首先要扔掉关于结婚的固定观念。一般来说，在不接受父母帮助的情况下，女性们工作 4~5 年的话可以积攒 3000 万 ~5000 千万韩元的结婚资金。但是，准备好了这些结婚资金之后，又会出现一种趋势，那就是认为必须要攒钱的想法变得松懈，开始趋向于消费。

现在，让我们改变一下想法吧。就算是自己的结婚资金准备完成了，如果要跟自己结婚的男人还没有准备好的话，也是无法结婚的。在这种情况下，女人们也必须要重新投入到准备结婚资金的模式中。如果把一起准备婚房作为目标，最大限度减少没有必要的嫁妆与礼单，尽可能地去减轻自己所爱的男人的负担的话，那么结婚的日期也将会随之提前。不要想像别人一样具备了一切之后再结婚，因为我们并不是为了"像别人一样"生活而结婚的。

让我们为购置新房增添一份力量，带着堂堂正正的共同名义入住。如果想不是在准备男人自己的家而是两个人共同的家的话，就会更有力量。如果男人自己准备了婚房的话，要求共同名义似乎有些不好意思，但是如果是一起努力之后购置的婚房的话，在女人的财产保护方面也可以堂堂正正地要求设定为共同名义。

前不久一位朋友的父亲去世了，所以他跟自己的母亲一起继承了遗产。他的父母从年轻的时候就开始一起赚钱，赚到了必须要上缴继承税的程度的财产。但是，所有的财产都归到了父亲的名义下。虽然母亲不是勤劳所得者，但是，明明是他们一起赚钱才积攒起了现在的财产，由于国税厅不承认母亲的财产，所以需要上缴更多的税金才行。你对家庭财产的形成作出的努力与奉献如果受到认可的话应该就不会觉得委屈了吧。

所以就从夫妻共同财产——新房开始准备，然后自然而然地享受与财产有关的权利吧。

与不懂理财的人结婚，你就自己累到死

在一起生活幸福也会像"福利"一样增加

　　为了准备婚房而一直苦恼的京南先生，看起来应该是和美爱女士商谈了很多关于我提出的资产模拟分析的内容。首先把明年春天结婚的计划扔掉，暂时定为一年之后两个人在一起攒 1 亿韩元之后，租赁一间虽不是公寓但却也是新建的单元楼，然后剩下的钱就用来结婚时使用。甚至还讨论出新婚的房子最好也是离美爱女士公司近一些的地方，这样一来就更方便她管理生活了。虽然还剩下说服美爱父母的事情，但是只要两个人同心协力一同定下来的话相信也是会理解的。

　　虽然结婚的日期比预想的延后了一年的时间，但是也正因为如此借这个机会两个人之间变得更为诚实了一些，而且还可以更具体地作出结婚后对未来的计划，产生新的希望和目标，两人之间的关系也变得更加深厚。

　　面对婚姻很多人首先考虑的就是婚房，而且有很多情侣都会经历婚房带来的纠葛，甚至还会因为房子的问题矛盾越来越深，最后导致一拍两散的结局。也有一些人通过贷款的方式买下了房子，非常不安地背着一身债务生活在房子里。但是也有像京南先生他们这样的情侣，虽然延后了结婚的日子，却可以准备出更为坚实基础的情侣也有很多。

头脑中想起了5年前跟我进行过咨询的秀熙女士。是一位28岁的女性，当时她已经有交往已久的男朋友。她向我诉苦地说她的男朋友在看起来还没有做好结婚准备的情况下，却非常着急地一再提出想要结婚的要求。她告诉我说她自从大学毕业之后很快地就找到了工作，已经工作了有4年的时间，所以多多少少已经准备了结婚时需要用的钱。她的男朋友与她虽是同龄在一家大型企业工作，但是参加工作的时间只有一年而已，所以怎么想都觉得应该还没做好结婚的准备才对，不理解为什么这么着急地想要结婚。她本来就是个干练的人，而且消费支出的习惯也非常合理，所以只要根据目标重塑金融商品的话，不会出现什么亏损现象。问题在于她的那位还没有任何财政上基础的男朋友，她拜托我希望我能给她的男朋友进行一次咨询。

之后的一个月几乎没有任何联系，所以我以为她的男朋友没有任何意向想要咨询。就在这样想的时候，突然某一天秀熙的男朋友打来了一通电话，希望能与我面谈一次。下班后很晚的时间他来到了我的办公室，高高瘦瘦的给人印象非常阳光，一看就是一个非常帅气的青年。刚开始他还能开玩笑地说受不了女朋友的唠叨不得不来，可我们的谈话进行得越久，他的脸色就越来越僵硬起来，最后情况变得非常深沉甚至他都询问我能否抽根烟的程度。

在我看来虽然他是个毕业于名门大学在一家非常大型的企业工作的人才，但是却是一个对钱没有任何概念，且

与不懂理财的人结婚，你就自己累到死

不懂得理财的白纸一张。我为了他们两个人的未来。分析得非常客观，也非常冷静地分析了他们即将要面对的残酷现实。我告诉他如果现在不开始认真地进行资金上的管理的话，在未来的 3 年之内都别幻想结婚。可是他却反驳说，为了钱而推迟与女朋友的婚期太不像话了，他认为虽然自己攒下来的钱没多少，但是自己的年薪的金额还是可观的，所以可以先贷款结婚。不过是一亿而已，只要两个人一起上班挣钱的话，不出几年那点钱就都能还上，说的时候非常有自信的态度。但是没过多久经过商谈他也意识到，如果真的那么去做了对于两个人而言都是一种煎熬，而且本该幸福的婚姻生活也会蒙上一层阴影，为日后的幸福埋下不幸的隐患。

当天的咨询并没有讨论出明朗的结论就结束了，最后决定过段时间再进行咨询，商谈关于两年后结婚的目标和财物计划。很意外的是，通过这个过程秀熙女士想确认的不只是她男朋友的财政问题，还有就是她的男朋友是否认真对待与自己结婚的问题。幸好她看到她的男朋友正在非常具体地思考着与自己一同度过未来生活的问题，甚至还考虑到即使会导致两个人都得上班的问题，也要承担作为一家之主该承担的责任，她的内心感到非常的自豪。

最后两个人决定合力准备新婚房的问题，已经有 3000 万韩元左右结婚资金的秀熙女士，也准备在未来的两年时间里通过增加存款的方式攒钱，在准备新婚房的时候能有所补贴。面对女朋友如此贤明的决定，她的男朋友也表示以后开始每个月收入的 70% 都会存储，而且也确实做到了。

两个人取消了不必要的彩礼钱，婚礼仪式也举行得非常朴素。而且用那段时间进行存储、省吃俭用省下来的结婚资金8000万韩元租赁了一家单元房，开始了新婚生活。

婚后的两个人依然以感恩的心态努力地生活，丈夫对聪明能干的太太提出来的财政方面的要求百依百顺，并且毫无怨言地积极合作。结婚3年后离开了从结婚开始一直以来生活了3年的麻浦单元房。拿到当时租赁时的押金，加上这段时间里两个人努力攒下来的1亿2000万韩元，他们终于搬到了旁边小区的69平方米（21坪）的公寓。除了这些开销他们还存住了3000万韩元的资金，而且当年的春季还实现了一直延迟没能实现的生宝宝计划。

不久前带着秀熙女士亲手做的曲奇饼，两个人来到了我的办公室。告诉我说当时两个人要结婚的时候受到了双方父母以及周边人否定的态度，当时也暂时动摇过。但是之前两个人就已经着手准备了结婚的事情，所以才能在资金方面不受阻碍，并且一步一步地准备了未来的生活，真心地感谢5年之前帮助他们作出正确决定的我。

秀熙他们这对情侣，在第一次提到结婚的事情时，两个人都非常诚实地交代了自己的状况，所以才能建立共同的目标，并且一步一步地去努力实现。但是即使是这样，他们一路走来也并不是那么顺利，当初也曾苦恼地问自己："难道非要这样去攒钱吗？"也曾因为周围人可以随心所欲地花钱而受到过诱惑。每当这个时候，相互间会拍打着对方的肩膀，大声地喊出："加油！"也正是因为两个人一同经历了这种诱惑并且战胜了这种诱惑，所以相互间的爱情

与不懂理财的人结婚，你就自己累到死

"福利"才能只增不减。

希望各位读者也能像这对情侣那样，找到越来越大的目标，遇见那个永远不会放开牵着的双手，一同走到最后的那个人，能够不断地增加爱和福利。

"结婚仪式"是结婚的开始，而不是结尾

从我这里拿到未来预测报告书后断了联系的多妍小姐，过了 6 个月之后突然跟我联系了，由于时间太久我也已经快忘记了这件事情，所以收到她的联系我也感到非常意外。听了多妍小姐的话才知道，他们下个月准备好结婚了。

"进行咨询 3 个月后，我们很快就选择好了结婚的日子。虽然哥哥的经济条件与我的期待有很大的距离，但是我还是觉得没有他不行，所以还是努力地说服了父母。虽然哥哥没什么存款，但他绝对是有潜力的不是吗？虽然他现在还不是很有钱，但是我确信他日后一定会很有前途。"

她找了很久能够合理化自己婚姻的言辞，仿佛忘记了来找我的真正目的。甚至连准备结婚的细节都非常仔细地讲了一番。

两个人在结束了与我的对话后，经过了一番迂回曲折见过了双方父母，而且一气呵成地连见面礼也进行完了。订好结婚日期之后，最后决定在江南的一家酒店举行结婚典礼。他们一直担心不能预约，最后还是靠朋友的关系好不容易才预约到。

听着听着我突然感觉到他们是一对非常与众不同的情

与不懂理财的人结婚,你就自己累到死

侣。他们不像其他准备结婚的新人那样首先解决婚房，而是先打听婚礼场和婚纱以及婚纱照、新婚旅行等这些事情，按照女方说的话他们预约的地方都是提前三四个月都很难预约的。

准备结婚的时候也是还没有计划好前后顺序，而是从自己关心的事情和嗜好的角度考虑，像购物那样完成各种事情，所以可想而知他们有多开心了。而婚礼仪式的费用，他们认为两家来的客人送的红包足以交付，所以甚至都不会去担心这个问题。但是他们认为婚礼一辈子就一次，所以生怕会缺了什么或者做得不够好让别人笑话他们。

听到多妍小姐说的那些话，我开玩笑似地说了句他们是"神赐予的情侣"。该说他们是乐观且充满自信呢，还是该说没有任何规划且办事荒唐呢……虽然很好奇他们的婚房怎么解决，但是一看他们这样的态度，相信他们心里已经是有所依靠的。

果然不出我的所料，他们的确是胸有成竹。翻看了所有关于不动产的网页，察看了一番他们想要生活的地区的所有公寓，结果发现如果不贷款的话连租金都无法交付。知道这个现实之后，两个人决定送走多妍小姐的父亲名下一所公寓的租户，然后在那个房子里开始二人世界。

多妍小姐父亲名下的这所公寓是通过在 DTI（负债收入比率）规定范围内，获得最大额度贷款购买的，而租赁者按月交付租金。由于合同规定的租赁期还剩很多，所以需要给原来的租赁者支付很多的搬家费和不动产中介费，这才好不容易让租赁者同意搬迁。而为了重新收房花掉的钱足足达到了 500 万韩元。而且由于这栋建筑建造的时间已经超过了 30 年之久，是一所比较古老的公寓，所以光是房子的室内装修费就已经花了 2000 万韩元。

不管怎样，由于父亲的利息负担非常大，所以他们商量之后决定按照原先租户的租金每月交付给父亲，然后才搬进了这所公寓。在这个过程中花销的 2500 万韩元消失得无影无踪，而且其他结婚费用也远远超出了他们的预想，最终两个人只能每个人贷款 2000 万韩元，而他们的新婚生活就在这样的情况下开始了。多妍小姐虽然因为每个月的房租费感到有些吃力，但是由于是交给自己的父母，所以心里一直安慰着自己，但是她却完全没有考虑过自己父母的立场和感受。

"还得邀请公司同事和朋友们来串门，可是这么破旧的房子怎么好意思叫人来呢？所以准备先把房子装修得温馨而舒适，为了能节省设计费不知道看了多少室内装修的杂志，毕竟委托专业的室内装修人员来设计的话，费用会高达两倍以上。"

但是她使用的"温馨而舒适"的意义稍微与众不同一些。

"不说别的，沙发还是想买之前看中的意大利品牌，毕竟认识进口家具店的老板，所以用低于 5 折的价位买了。原来是 2000 多万韩元的沙发，我们买的时候才花了 900 万韩元。"

可以看出她的"精打细算"和一般人的理解是完全不同的。家具和各种家用电器都是用信用卡购买的，所以他们月薪的大部分应该会用来还信用卡债务，而这样的时间会长达一年之久。我以为他们连婚房也会非常大胆地去贷款几亿来购买，但是很庆幸的是他们并没有那么做。

不管怎样，结婚准备得已经差不多了。在整理完结婚时使用的所有费用后，他们觉得需要把两个人的存折合在一起使用，所以这才过来找我。不拘小节的大浩先生说存折和各种交费通知单都交给多妍小姐来管理，但是对于一直以来在存折中的正数和负数之间徘徊的多妍小姐而言，这样的生活并不是一件轻松的事情。

我对多妍小姐说，在谈论"存折结婚"的事情之前，先了解一下他们新婚旅行之后的财政状况。他们看起来好像完成了婚礼仪式，他们的存折就会变回正数一样，都沉浸在一种错觉当中。所以对他们而言，眼前最需要去做的，就是让他们非常冷静地直视目前面临的残酷现实。

结婚前，两个人的总资产是7000千万韩元，咨询之后虽然也会一直有月薪，但是一边要准备着结婚所以应该是没有可以储存的钱。首先，公寓的保证金和为了送走之前的租户时使用的费用，以及装修费用加起来将近5500万韩元。而剩下的1500万韩元也就够买酒店的鲜花了。按照他们的标准准备婚纱和彩礼，大概也会花掉大浩先生一年的薪金。

何止这些，为了准备结婚多妍小姐接受的是最高级的皮肤护理，而且为了购买新婚旅行需要穿的衣服，他们刷爆了三张信用卡。两个人已经申请的贷款额达到了4000万韩元，如果再把两个人各自刷的信用卡金额也算进去的话，他们已经背上了将近1亿韩元的债务。

这样一来，多妍小姐的工资在一段时间内都被挪去偿还贷款，那么新婚旅行之后的生活费到底用什么来解决呢？我非常好奇这个问题。邀请朋友们去家里玩的次数也不会少，然而多妍小姐的回答依然非常让人惊讶。

"听说很多人都会为了准备婚房贷款好几亿，可是我们都不需要交纳贷款利息，直到我们搬出去为止都能用押金过生活，更不用担心租赁费是否会上升的问题。所以缺少的生活费用其他的贷款存折坚持一年就可以了。"

我接下来又问结婚时使用的1亿韩元的费用又该怎么办的时候，先生非常酷酷地回答说他们两个人会继续上班，所以那些也不是什么大问题。一直以来接触过无数对情侣进行咨询，但是像多妍小姐这种只想着"今天"的情侣是第一次。一味地相信两个人日后的日子是玫瑰色的，可以说他们是一对"明朗的无对策情侣"。

为了不再继续浪费咨询的时间，我开口询问了一下关于生宝宝的计划。一想到她的年龄，又觉得推迟生育也是一种很大的负担。不出所料，她说结婚后两年之内想要个孩子。于是我问她有没有想过育儿的费用，或者由于生宝宝而出现的停职等比较极端的状况。结果她都没想过这些事情。从这段对话开始，她的表情渐渐黯淡了下来，由于结婚已经背上了将近1亿韩元的债务外加每个月的房租费，面对这样的现实看来她已经渐渐担心起现实问题了。

由于贷款，他们在未来的两年里已经没有办法进行储蓄了，如果在这期间多妍小姐父亲的公寓由于养老金或者突变的变数被撤掉的话，他们又要因房子的问题进行贷款。

与不懂理财的人结婚，你就自己累到死

可以说这是一种恶性循环。对于婚房的问题进行了几次谈话之后，虽然不是最好的选择，但是京南这对新人已经看到了希望和未来。但是对于多妍这对新人，我只看到了"姿态"，却迟迟没有看到计划、目标和希望。

即使到了现在，他们需要的是能够切断这一切恶性循环的决断。至少在未来两年的时间里他们需要减少开销，也不能对其他的投资有所关注，只能一心偿还所有的债务。对于希望"一夜暴富"的大浩先生而言，这并不是一件容易的事情，然而现在连"集中投资"的本钱都没有，不是吗？

要从多妍小姐开始改变。我跟他们说在准备结婚的过程中，有没有可以缩减的费用，或者可以省略的部分，把这些问题都整理好之后再来找我。多妍小姐的脸上已经非常明显地挂满了慌张的神色，并且问我是否真的必须要做到这种程度。但是当我把比多妍小姐更年轻的智秀这对情侣的资产现状，以及三年后的资产状况进行比较之后，他们好像慢慢地认识到了眼前的现实，从准备婚礼的浮躁状态中渐渐冷静了下来。

如果依靠父母，也会被抚养老人的回旋镖击中

在我们的社会中，存在着很多需要改正的观念，其中有些习惯我真的非常希望能够马上改掉，不是为了某一方，而是为了结婚的男女两方着想。那就是绝对不要把父母微薄的退休金理所当然地认为是结婚费用。

正在写这本书的现在，《朝鲜日报》中还在连载着《用父母的眼泪举行的结婚进行曲》。读这样的新闻，会觉得举行婚礼的人们都非常的痛苦。无论你是结婚的当事者、亲戚还是双方的父母，就连参加婚礼道贺的客人们也是如此。本该是最幸福的结婚仪式，却变成了所有人的痛苦，怎么会有这么无厘头的错误呢？

不久前，我给一对结婚7年之久的夫妻作咨询，妻子是三个兄弟姐妹中最小的，丈夫则是4个兄弟当中最小的。这对夫妻是在读研究生阶段，由于妻子意外怀孕而匆忙结婚的。由于没有做好任何准备，所以完全依靠双方父母的帮助才举行了婚礼。结婚初期由于双方的父亲依然在上班，所以完全没有感觉到任何负担。

但是由于4年前公公退休，前年就连自己的父亲也隐退了，所以从去年开始双方的父母明显出现了吃力的迹象。

也是不久之前才得知的事情，娘家和婆婆家均为嫁娶的事情，从平凡的生活变成了每个月还贷款本金和利息的生活，生活档次一下子滑落到平均生活水平以下。而这对夫妻又在没有作任何准备的情况下突然结婚，变成了最后的致命一击。

而这对夫妻现在都在上班，不久前诞下第二个孩子的妻子，借此机会很想停职或者成为全职太太，一心投入到孩子的教育当中。但是双方父母的养老问题已经是迫在眉睫的事情了，这对夫妻每个月每个人要出30万韩元总共60万韩元，用来充当双方父母养老和生活费用。兄弟姐妹中还有生活条件较为困难的人，所以这对双职工夫妻要承担的部分更多一些。生活已然到了这种情况，所以结束职场生活，一心投入到对子女的教育当中是不可能的事情了。为了每个月需要支付的60万韩元，她根本无法停止现在的工作状态。仅靠丈夫的工资承担60万韩元的生活费是非常困难的，即使是两个人一起努力工作到现在，为孩子准备的教育费用也不多。

但是这对夫妻依然是非常孝顺父母的，虽然无法像父母为自己做的那么多，但是也不能不顾花光退休金为代价让子女结婚的父母。但问题是如果继续这样下去，无论是父母还是子女，都会陷入越来越糟糕的财政问题。

多妍小姐的状况也是大同小异，由于父母拥有不动产，所以一直以来她都觉得不需要担心结婚的费用问题。所以每个月的工资都只为自己消费，即使遇到结婚问题，宁可去贷款也要先华丽地举行完婚礼。但是父母保留的不动产在最近几年的时间里已经减少了很多，所以即使真的出现应急情况，仅靠两个人的退休金也并不是十分宽绰。外加多妍小姐是大女儿，如果连妹妹们也抱着这样的心态的话，当所有的子女都要结婚而父亲一旦面临退休，那么多妍小姐就要背负父母赡养费中的绝大部分的责任。

这样的事情在我们周围并不少见，为了面子和规矩即使是贷款也要进行华丽的结婚仪式，这样的结婚文化没有发生根本性的变化之前，让人揪心的恶性循环将一直持续下去。让父母和子女们同时陷入痛苦的这种现代结婚文化，需要在这个瞬间决定结婚的男男女女们一同进行改变。如果本人想改变的情况下，双方父母为了面子而要举行华丽的结婚仪式的话就要更加制止才行。通过说服的方式让双方的父母感动并且发生改变，如果用父母的退休金结婚的话，总有一天这样的回旋镖会回到我未来的家庭中，这一点绝对不能忘记。

与不懂理财的人结婚，你就自己累到死

将新婚旅行当作商务出差

经历了疲惫不堪的结婚准备过程之后，唯一能够逃脱这一切的便是新婚旅行了。当坐上飞机的瞬间，经历过漫长的准备过程和瞬间紧张的身体，才能真切地感受到已结婚的现实。因此，很多人都觉得新婚旅行至少要去海外或者高级的度假村，要过得比任何时候都要奢侈并且进行一番享受。

在这个时代，没有去海外旅行的年轻人又有几个，结婚前没有一起旅行过一两次的情侣又有几对呢？如果错过了新婚旅行，在未来的生活里也不是没有旅行的机会。那么仅仅为了享受、为了能够毫无顾忌地进行消费而出发的新婚旅行，对这种旅行的观念是否也需要改变了呢？

曾经有一位客户，年轻时是很受人欢迎的导游。在东南亚留学的时候，由于货币汇率的上升，中途不得不暂时休学去打工，在当地开始了导游生活，并且一连工作了三四年的时间。

这样的他选择的新婚旅行地却让人大跌眼镜。他比任何人都了解海外新婚旅行的信息，所以他完全可以为自己的新婚旅行作出更有趣、更有意义的计划，但是这样的他选择的新婚旅行目的地居然是千里瀑树木园和安眠岛。新婚旅行的第一天住在首尔的酒店里，第二天在位于泰安半岛的千里瀑树木园中静静地散步，共同构想着未来的美好生活。晚上在安眠岛整洁的高档外租房中喝着红酒烤着肉，度过了一个非常浪漫且有意义的夜晚。

他自己也说自己是个对新婚旅行厌倦了的人，在他看来新婚旅行就是"拍、花、吃、吵"的时间。也就是使劲拍照、挨宰、可劲儿地吃然后反复吵架。穿着华丽的情侣服，无视当地居民和其他旅客们的眼光，摆出夸张的造型照相，每天都看惯了这样的事情，慢慢地就对这些事情感到非常的厌烦。有一次他遇到了这样的一对情侣，白天在海边散步，摆出各种充满爱意的所有动作和姿势不停照相的两个人，到了晚上在酒店的大厅互相大声谩骂。作为导游他不得不走到大厅，强行把他们拉开。

还有一次是为演艺界的一对新人做新婚旅行导游，而这次经历也让他对新婚旅行的意义产生了另一种想法。这对夫妻也不是什么顶级的艺人，但是由于不断地要求赞助，最后不得不赞助了度假村里的带有游泳池的高级别墅。穿着一身赞助的服装，和形象设计师一同出现在机场，到达旅行地后开始不要命地购买奢侈品，结果没过6个月就宣布了离婚。经历了这么一场"大肆宣扬而华丽"的新婚旅行，使他下定决心绝对不要进行这样的新婚旅行。所以在还没有结婚之前，他就开始对自己的女朋友进行了说服。

还有一对情侣进行了非常与众不同的新婚旅行。他们就是将存折进行合并之后，让我推荐新的金融商品而进行

与不懂理财的人结婚，你就自己累到死

咨询的智秀、大贤夫妇。新婚旅行回来后过完非常忙碌的一个月，刚完成"存折结婚仪式"后，将他们提前整理好的存折和文件夹递给了我。

在进入正题之前，我们先讲述了一番关于结婚的很多事情。这对情侣住进了位于离大贤先生的公司和智秀小姐工作的学校都较为近的盆唐区亭子洞的一座即将会进行房屋重建的公寓当中。显而易见，这样的公寓必然比周围新建的公寓需要交的保证金少很多。

两个人的结婚准备工作也是非常简单。结婚仪式是在教堂举行的，他们认为在结婚现场拍摄的照片更为自然也更有意义，所以甚至连婚纱照都省略了。与婚礼策划者咨询了关于婚纱和美容院的事项之后，剩下的都是两个人亲自去了解和打听的，果然是名副其实的精打细算情侣。

出于礼貌，我询问了新婚旅行去哪里的问题，而得到的是非常意外的回答。两个人说为了完成我提出的关于未来事业的计划，去了一次新婚旅行。当我茫然地望着他们时，智秀小姐微笑着说他们新婚旅行的创意是"商务出差式的新婚旅行"。

怎么会突然间出现了商务出差式的新婚旅行呢？听到这句话，我更好奇的是智秀这对情侣的新婚旅行故事，而不是财务咨询。

结婚后两个人的计划中，有一部分是夫妻两个人共同进行创业，准备人生的后半期。受到最大关注的便是智秀小姐一直以来都充满热情的布艺时尚事业。所以当很多人还在苦恼着新婚旅行去哪个度假村的时候，他们准备的却是有关布衣的资料，经过一番研究最后决定去美国的肯塔基州进行新婚旅行。

"由于是非常陌生的新婚旅行地，所以周边的人都感到非常的意外，甚至连父母都感到很惊讶。问我一生就这么一次的新婚旅行，有必要这么有目的性地进行吗？甚至有人担心地跟我说以后会后悔。而且还有一位老师对我说，自己除了新婚旅行外，再也没有能够腾出一周的时间进行海外旅行了。丈夫也在非常一般的公司上班，即使到了寒暑假也最多只能去济州岛或者东南亚，进行4天3夜的旅行。生活到现在才发现，在退休之前是很难像新婚旅行那样轻松地进行长时间的旅行，并且嘱咐我再慎重地考虑一次。但是听完这些话之后，我越发觉得新婚旅行不该去什么东南亚海边或者度假村那样的地方，慵懒地晒太阳，吃着美食然后美美地睡觉。所以为了将来打算并且提高对布艺的感觉，同时为了进行市场调查，我们决定去肯塔基州的布艺博物馆。大贤也非常痛快地同意了我的意见。我们参加了那个博物馆组织的长达3天的研讨会，还交了很多新朋友们。多亏了那些朋友们的帮助，我们还看到了布艺作坊中工作的布艺发烧友们的日常生活，于是对布艺产生了更加浓厚的兴趣。"

智秀小姐的新婚旅行不只是"拍、花、吃、吵"的旅行，而是非常有意义的"布艺旅行"。不久的将来如果这对夫妻真的从事了开启第二人生序幕的布艺时尚事业的话，就像智秀小姐说的那样，这次的旅行将是一场"商务出差式的新婚旅行"。他们非常激动地告诉我，经过这次的新婚旅行，对布艺时尚事业产生了更浓厚的兴趣和更大的信心。

听完智秀小姐的这番讲述，我回忆了自己的新婚旅行，却发现除了寥寥无几的几张照片之外，真的没留下什么有意义的回忆。当时的我们不像现在的情侣们，可以非常自由自在地去旅行。所以好不容易才有一次两个人单独的旅行，在彼此的心里都是非常记忆深刻的冒险经历。但是难免会有遗憾，如果当时能计划出更加有意义的新婚旅行的话，或许结果就不是这样了。

一次海外新婚旅行，至少要消费300万到1000万韩元。如果通过如此奢侈且浪漫的新婚旅行，夫妻俩能够设计出两个人的新人生的话，蜜月将成为锦上添花的瞬间。

不要太小看，
没钱寸步难行
……

现在才刚刚开始，有必要现在就开始谈论钱吗？

只要节俭不乱花钱不就可以了吗？

如果把钱想得太过简单，只能成为钱的奴隶。

只有仔仔细细地一步一步地实践 WAM，才能让"钱事"变得小菜一碟。

第四章
比结婚仪式
更要提前做的事情就是
存折的结婚仪式

WAM：存折的结婚仪式进行得越早，就能越早成为富人。

新婚之前先做好存钱计划吧

每天我都会乘坐地铁上下班。尤其是与朋友们喝完酒之后，很晚的时间乘坐地铁的时候，女人们滔滔不绝的谈论会流进我的耳朵里。听着那些来来回回的话语，我完全能够感受到现在二三十岁女人们的心态。

最近听到的谈论中，最有趣的就是关于"有裂痕的瓢"一样的男人的话题。如果一个男的在经济上或者其他方面有缺点，就像"有裂痕的瓢"一样，即使会有漏水的现象，但装着这个瓢的"缸"很坚实的话也不成问题。也就是说更重要的是"缸"，而不是"瓢"。

虽然是一群年轻女人之间的闲聊，但是对于有两个儿子的我而言，这并不是那么轻松的话题了。

我很想问那些女人："那么如果缸很坚实的话，即使对方是有裂痕的瓢，你们也会跟他结婚吧？"虽然不知道那些女人会作何回答，但是我是反对这样的婚事的。首先，已经出现裂痕的瓢，时间久了很容易会一分为二。即使缸很坚实，但瓢裂到无法舀出缸里装的水的话，那又有什么用呢？

最近，有很多像有裂痕的瓢一样的男男女女，而未婚男女选择结婚对象时，最不喜欢的乖乖男和乖乖女也应该是属于这个类型的。如果有过与此类人交往的经历，我想你肯定会深有体会不合格的理由。谈恋爱都这样，更何况是结婚生子？事事都会有父母的干涉和指导，特别是非常听从妈妈话的乖乖女或者乖乖男，结婚后也会继续在精神上依赖于父母，所以无论在精神上还是在经济上都无法完全独立起来。如果严重，甚至连婚后的生活本身也会受到威胁。

在管理钱财的方面也是如此。明明已经到了自己独自管理钱财的年龄，但是却仍旧依赖于父母，依然生活在父母的庇护下。当然，如果父母能一辈子替你管理钱财或者给补贴的话，这些都不成问题。但是实际上这样的情况能有多少呢？更何况在经济上还要依赖于配偶的父母，即使婚后有了孩子也很难做到真正的独立。

因此，结婚之前一定要在经济上独立，这一点无论是男女都一样。如果父母替自己管理钱财的话，总体上能在减少支出的同时增加储蓄。但是作为一个真正在经济上独立的人，该经历的很多经济活动还都没经历过，就会面临结婚的问题，这样一来这段时间里该学会的管理能力没有学好，然后在该挣钱的时间里不停地犯错，因而错过最佳的挣钱时机。

更何况在实际利率为负数的年代里，很多时候父母都会用过去的那些方法管理子女的钱财。因此，在经济上得到父母帮助的乖乖女和乖乖男们，如果一直处于这种状态的话，一辈子也很难出现"阳光洒满存折"的时候。

　　　　　　与不懂理财的人结婚，你就自己累到死

从公司拿到第一笔工资开始，最好是自己管理自己的钱财。从月薪中拿出一笔钱进行定期储蓄，等期满时看到存折中一笔数额不菲的存款，感受一下发自内心的成就感。还可以投资到基金体验一下盈亏带来的满足和煎熬，了解什么是商品投资。

体验无节制的刷卡导致入不敷出的局面和由此带来的彻夜苦恼也未必是件坏事。给自己信任的朋友借钱后被骗，知道越是亲近的人越不能轻易地进行金钱来往，获得这样的教训也未尝不是一件坏事。如果通过这件事情，能够下定决心再也不会这样背着外债生活，那么这样的经历最后也会变成非常有意义的回忆。虽然没必要故意去失败，但是如果条件允许，尽可能在职场生活中多经历一些，无论是成功还是失败。通过这样的经历，亲身学会管理钱方面的方法和规律。

如果婚后再去犯这些错误就太晚了。当然，所谓的自己管理自己的钱财，并不意味着不听取父母的任何建议。但是一定要养成最后一定要自己作决定的习惯。因为唯有这样，婚后管理更大金额的金钱时，才能以之前犯过的错误为基础想出更加行之有效的方法，管理好不易挣到的钱。

如果婚前一直都是独立生活，按照自己的意愿管理存折的两个人生活在一起的话，婚后首先要做的事情就是"存折的婚礼"。虽然没有两个人结婚时那样需要作准备，也不会很复杂，但是如果真的为存折举行一场婚礼，也并不是一件轻松的事情。

记得有一对夫妻在合并两个人的书房后，将其中的小插曲写成了一本书。与之相同，让存折结婚也不比这个过程简单，毕竟家家都有难念的经。

即使作为理财专家，如果真的着手去合并一对夫妻的存折，这个过程也是非常复杂的。不仅有重复的部分，也有不适合夫妻两个人一同管理的存折。此时让谁来管理并整理存折，并且决定是否要消除，以及存折由谁来主导性地管理，这些问题想要解决起来也并不是那么简单的。

结婚之前，整理那些不再需要的存折，准备新的有必要的存折，这样的"存折结婚仪式"非常重要，但是也有一些刚从蜜月旅行回来后闪电离婚的夫妻。因此，从约定结婚开始，一同管理存折并非易事。所以，即使从蜜月旅行回来了，也要准备出一同合并存折的时间。

有些双职工夫妻，各自用一个存折来分别管理储蓄和生活费，但是几年后确认存折里面的余额时，也有很多开始后悔的夫妻。

虽然双职工夫妻的收入会比一个人挣钱多一些，但是消费支出也会同样多，所以能存下来的钱并没有想象中的那么多。夫妻俩为了同时挣钱，甚至牺牲了与家人一同享受天伦之乐的机会，吃了很多苦，但是付出与收入不成正比的事实的确很让人懊恼。

从新婚伊始开始通过坦白的对话，注销重复或没必要的存折，为了更好的未来重新开一个新的存折，这种仪式就是所谓的"存折结婚仪式"。通过存折结婚仪式，夫妻俩能变得更真挚、更自然地一同构想未来，调整储蓄和消费支出等关于金钱的想法和态度。毕竟一直以来，两个人都

与不懂理财的人结婚，你就自己累到死

生活在不同的环境里，所以在消费方式和态度方面必然有所不同。

存折结婚仪式并不只是单纯地将几个存折合并在一起的过程，而是坦诚地向对方说出经过多年的社会生活，自己存钱方式和对于已经存下来的钱的态度。在指定必须要准备的存折时相互进行意见交换，很自然地一同勾画家庭的美好未来，还可以制订出具体计划并进行调整。

通过这样的过程，才能真正地走出父母的庇护，真正独立起来成为一对新婚夫妻。所以存折结婚仪式必须要进行，而且是越快越好。

不要争抢主导权，把存折交给懂得管理钱财的人吧

在结婚后的最初一两年时间里，夫妻之间争抢存折主导权的争斗会比较激烈。虽然也有两个当事人为了拿到主导权而燃烧战斗意志的情况，但是也有受到父母和周围朋友，或者职场同僚以及前辈们较为夸张的煽动和危言而经常吵架的情况。

我结婚的时候也是如此。现在不会有这样的事情，但是当时关系较好的前辈隔三岔五地找我喝酒，一喝就喝到凌晨两三点还不让我回家，并告诉我说只有这样以后的日子才能过得舒坦，但是听从他建议的结果就是每天我都像猫一样偷偷地进屋，酒性也变得很差。每次都会因自己犯下的错误看老婆的脸色，也因每天都喝到凌晨所以双眼通红地去上班，让自己疲惫不堪，不仅没有抓到主导权，主导权很快被老婆完全掌握。

在婚后争抢主导权的战争中，围绕存折主导权展开的争抢也非常激烈，因为这个世界围绕金钱转动。他们觉得谁掌握了存折的主导权，谁就可以为所欲为地消费。而未能抢到主导权的那一方则觉得，即使花很少的钱也要看着对方的脸色，害怕自己挣的钱没法按照自己的心愿去花，

与不懂理财的人结婚，你就自己累到死

所以才会如此处心积虑地展开主导权的争夺战。

之前找过我的多妍小姐，刚结婚没多久就因这个主导权问题也吵得很凶。已经成为丈夫的大浩先生，虽然依然对管理存折的事情没什么想法，但是在这期间因为结婚费用，以及刷卡消费等事情承受了很大的心理压力。刚经历两个月的月薪都被信用卡和房租全部划走的生活后，多妍小姐已经有些不知所措了，所以才会再次来找我。

"有一天晚上，我和大浩在外面吃晚饭，我跟他提起了关于刷卡消费的事情。至少我会因为结婚时刷卡太多的缘故，最近我非常省吃俭用，几乎没怎么给自己花过钱。当然，与其说是不花，更多的是因为堆积如山的工作和加班，还有周末的时候到处去拜访长辈什么的，所以没什么机会花钱。但是大浩却和自己的朋友及公司前辈们，借着庆祝的名义花了很多的酒钱。所以我生气地跟他说，让我们把存折整理后合并在一起，然后确定各自每个月花多少钱。结果他马上放下勺子，对着我说才结婚多久，就开始跟我提钱。而且还非常正式地跟我说，是不是想跟他来一场'气势战'。简直不可理喻……"

果然不出我所料，这个局面真的出现了。然而，非常庆幸的是至少多妍小姐已经明白了问题的严重性，而且想到要减少自己的花销。结婚之后，她多多少少了解到父母的经济状况，而且还体验到了增加了两倍的支出。

像他们这样，对消费性负债较多的情侣而言，首先需要做的就是按照偿还债务方案进行还债。为了做到这一点，存折必须要由一个人来管理，因为只有这样才能衡量固定的收入和支出，客观地制订开支计划，设定偿还债务的最短时间。如果各自管理存折的话，很自然地首先就会考虑花销的问题。花钱的时候都会有自己的理由，这么一来自然而然地还债的时间就会延长。

我对多妍小姐说，谁掌握经济主导权的问题，并不是新婚初期谁在气势上占了优势，而是更冷静地看待家庭的财政状况，培养增加资产的基础知识的过程，并让她从这个角度去解决问题。而且还建议她直接把管理存折的事情交给大浩先生试试，虽然管理存折的人最好是能够对自己的开销有节制力，但是在这样的情况下，需要大浩先生能够更冷静地了解到自己家庭的财政情况，需要自己自觉地发生改变才行。消费型的支出较多，但是对金融商品比较关注的人也是大浩先生。

虽然多妍小姐非常严肃地说，把存折交给自己的丈夫等于把鱼交给猫管理是一样的道理。但是在我看来给大浩先生一次机会，才是偿还债务的最佳解决方案。由于多妍小姐他们夫妻俩的自尊心都比较强，所以一旦触及到自尊心，他们之间的矛盾就会越来越深，需要更长时间进行和解。相应地在新婚初期需要解决的存折结婚仪式也会被推迟，而且依然用现在的消费模式继续生活下去的话，不仅无法偿还债务，还很有可能会增加债务。

除了多妍小姐这对夫妻之外，也有很多新婚夫妻从新婚初期开始围绕存折发生各种矛盾。这里需要再次强调一下，管理存折并不是争夺结婚生活主导权。管理钱财应该由夫妻两个人中对金融商品的理解更快、对消费支出的自

　　与不懂理财的人结婚，你就自己累到死

我控制更强的人来担任。但这也并不意味着另一个人可以完全不在乎，夫妻之间一个月至少要交流一次关于家庭的财政状况，要持续性地对此保持关注并且相互协作才可以。

还想要嘱咐的一点是，也有害怕因婚前欠下的债务而犹豫合并存折的情况。如果婚前有对方不知道的债务的话，要最大程度地减少结婚费用。如果仅凭一个人的力量很难还清的话，就要诚实地跟对方坦白，求得对方的谅解和理解。如果结婚后配偶才知道这件事情的话，婚姻中最重要的信赖就会一夜间崩塌。别让这些琐碎的事情成为日后威胁结婚生活的隐患。

心心相印，金钱才能变成资产

5 年前，曾有一位编剧来听过我的讲座，之后她便成为了我的终身听众。刚结婚没多久就过来听我的演讲，因此可以说从她新婚开始到现在，我们的缘分一直延续了 5 年。

她和她的丈夫在同一个广播台工作，经过一场马拉松式的热恋后，终于决定结婚。但是由于婚前两个人生活的环境差异太大，婚后两个人的冲突变得越来越多，两个人都感到非常吃力。她出生在一个比较富裕的家庭，从小到大没吃什么苦。但是她的丈夫与她截然不同，从小生活在一个比较贫穷的环境里，通过自己的努力进入现在的公司并得到了大家的认可。她的父母虽然谈不上大富大贵，但是养老的问题完全不用她担心。但是公婆的条件远不如她的父母，每个月如果他们不往家里寄钱的话根本无法维持生活。作为长子的丈夫是个非常孝顺的人，所以在她不知道的情况下偷偷地去贷款，解决家中大大小小的所有事情。最后她知道这件事情，他们吵得非常凶。为了节省每个月需要交纳的利息，用临时支付退休金的方式还上了那些贷款。

那件事情之后，两个人也因对钱的不同想法，经常会

与不懂理财的人结婚，你就自己累到死

产生分歧。比如说，作为妻子的她是个非常厌烦贷款的人，所以当租赁期期满后房主要求提高 3000 万的房租时，她决定搬家，准备找一个用相同的保证金也能租到的其他公寓。但是她的丈夫却想贷款一亿韩元左右，去租一套 30 坪左右的公寓。最后他们并没有贷款，搬到了一套离公司有点距离的公寓里。总之丈夫听从了妻子的建议，并没有去贷款。但是每次丈夫的意见都被否定之后，或许是他作为一家之主的自尊心受到了伤害，所以对妻子大声地说道，以后关于钱的问题直接就别问自己。

通过给别人作咨询，发现面对支出时，由于两个人不同的想法，有不少给对方造成伤害的情况。每次到了搬家的时候，因孩子的出生需要找更大房子的时候，贷款的时候，由于两个人的不同意见，屡屡出现争吵的现象。

刚结婚即将合并存折的情侣，在选择储蓄或者投资的问题时，也会产生意见分歧。婚前独立管理存折的两个人，都有着属于自己的成功与失败的经验。而这样的经验累积之后，也会产生喜欢和不喜欢的投资方式。通过这些错误经验，他们会形成一套自己的固定观念。如果忽略了这种意见上的差异，没有给对方进行理解的过程，按照自己的意愿随意去决定的话就会产生分歧，不仅会伤害感情，而且原本很小的纷争，最终却演变成非常严重的争吵。

如果这种情况非常严重的话，就会出现各自交纳各自的生活费，剩下的钱各自管理的现象。当然，如果真的是这样的情况，就很难增加家庭资产。虽然刚开始会很酷地各自管理各自的钱，但是面对几年后突如其来的房价上升，或者其他的变数而需要一笔大钱的时候，就会发现即使两个人的钱合在一起也不够。到了那个时候，很有可能会出现相互埋怨的情况。即使合并存折的时候会产生分歧和麻烦，但是让对方理解理财观念的过程非常重要。因为感觉过程比较烦琐而没有及时沟通，然后决定各自管理各自的钱财的话，不久的将来会导致更大的纠纷。

结婚初期如果出现这样的纠纷，首先要做的是承认这个差异。如果自己喜欢的理财方式受到配偶的反对，就要尽最大的努力说服对方，通过这个过程让对方同意自己的理财方法。如果做了这些努力，对方依然反对的话，要么放弃自己的想法，要么先尝试让双方都不会有压力的一种方式，然后再重新开始思考这个问题。

结婚后，家庭财产不再是自己一个人的钱了。按照自己的意愿随意地进行投资，如果成功了还好，但是如果失败了问题就会大大超乎你的想象。有可能在接下来的婚姻生活中，这件事情将成为经常被提到的事情，甚至会成为夫妻之间吵架的导火索。除了钱的问题外，在其他的问题上，夫妻之间也会出现分歧，而且这时很有可能还会忽略对方的想法，然后随意地作出决定的可能性很大。如果这样的事情总是重复出现的话，婚后生活必然会陷入沼泽当中。

如果跟有钱人结婚，还会存在这样的问题吗？虽然没钱是个问题，但是太有钱也是个问题。特别是对于已经结婚的夫妻而言更是个问题。对于只知道乱消费的购物狂妻子，因为喝酒或个人的兴趣而大把大把花钱的丈夫，只给

与不懂理财的人结婚，你就自己累到死

自己的父母送生活费的丈夫，未经妻子的同意就贷款作股票投资的丈夫……我们的周围有很多诸如此类的事情。

关键是面对金钱的时候，是否跟自己的配偶有过坦诚的沟通。大部分夫妻间纠纷都是因为没有对目前的财政状况或对各自的消费计划没有进行讨论，也没有建立关于消费、支出的原则而产生的。花钱如流水的妻子，没有"我们"的概念只有"自己"的自私丈夫，这样的行为都会给自己的配偶带来伤害。这样一来，就连婚姻生活中最需要的信任都会消失殆尽。

只有心意相通了，钱才能变成两个人之间的资产。如果两个人当中只有一个人努力地挣钱攒钱，而另一个人却一心想着怎么花钱的话，努力挣钱的那一方不久就会感到疲惫，时间久了还会出现被剥夺的感觉。如果挣钱和花钱的方式和理由出现太大的差异，钱只能是钱而已，不可能变成两人之间的资产。不知不觉间进入存折的钱，就像手里握住的沙子一样，不知不觉间消失不见。如果想把握住手里的钱不像沙子一样流失的话，就要在结婚初期建立好财务方面的原则，然后渐渐缩小相互间存在的意见差异。这个过程比合并存折的过程更为重要。

最近我给已经结婚的客户们作财务咨询后，提出有针对性的理财方案的时候，也会把"夫妇财务设计 10 条戒律"一同印给对方。这是我在从事这个职业以来，以给很多夫妻作咨询的经历为基础，整理归纳出的在财物、支出方面的原则标准。如果我们在结婚初期也建立几个标准的话，就可以减少很多因两个人思想上的差异而导致的争吵，也能减少很多相互伤害的事情。

不久前，我妻子也看过了这个"夫妇财物设计 10 条戒律"，刚看到的瞬间，她的脸上呈现出一副"惊讶"的表情，但是读完了之后脸上面带微笑。虽然已经在一起度过了 20 年，却依然存在着很难按照约定做到的部分。

人生在世，幸福的夫妻生活远比钱财重要，但是因对钱财的差异导致的伤害比没有钱而产生的伤害，更能摧残夫妻之间的幸福。

夫妇财务设计 10 条戒律

1. 钱应该是婚姻生活中的谋生手段。
   绝对不要因为没有钱而争吵。

2. 如果结婚了，那么钱就不只是属于挣钱的那一方。
   两个人，也就是我们的钱。

3. 必须按照当初预算的计划进行消费。
   支出不可以比收入多，哪怕是 1 块钱。

4. 在金钱面前保持一颗正直的心。
   因金钱失去信赖，是没有任何方法挽回的。

5. 不要试图以负债的方式得到想要的东西。

6. 如果一方不同意，哪怕是父母也不要作担保。

7. 如果是双职工，就不要相互比较对方的工资。

8. 励志费用是为了家庭的未来而进行的投资。
   至少对这个费用就不要吝啬。

9. 对双方家庭的支出，一定要通过对方同意后再进行。

10. 一个月至少要进行一次家庭财政状况分析，然后坦

与不懂理财的人结婚，你就自己累到死

诚地进行沟通。

　　正在阅读这本书的读者们，也可以跟即将成为自己配偶的人或者已经成为自己配偶的人一同阅读这 10 条戒律，然后相互间进行沟通。再以这些内容为基础，制订属于两个人的 10 条戒律。通过双方的协议制订了原则，然后再一再落实的过程，就能减少因对钱的不同想法而产生的争吵。在这个过程中，增加的不仅仅只是资产，还有相互间的理解和信赖，而且爱意也会像"福利"一样一路飙升。

存折也要细分类型，然后贴上标签

现在开始，我们要正式进入"存折婚礼仪式"的具体流程了。拿出夫妻双方的全部存折，把不需要的存折扔掉，根据支出的方法和目标对存折作出细分，再重新开需要的存折，然后贴上适应的标签。因为唯有这样，才能达成夫妻之间建立的新的目标。

消费支出管理要做到没有压力，要简单、有效、系统地进行整理，再选择适合两个人目标的金融商品，进行行之有效的储蓄和投资。管理好存折也能达成一半的目标，因为"万事开头难"嘛！

首先，大胆扔掉

第一，整理新婚夫妻的存折时，在重复的存折中最典型的就是请约存折。考虑到请约存折的用途和加入时间、夫妻想要的住宅形态等，留下有必要的存折，剩下的存折全部都注销掉，然后贴上其他的标签。根据一家之主或者优势的强弱，有必要的话也可以换到配偶的名下使用。有些请约存折不仅不能使用，而且利息还非常低，持有会徒增烦恼。

与不懂理财的人结婚，你就自己累到死

第二，累计夫妻两人的保险费后，一定会让你大吃一惊。一般情况下，自己一个人交纳保险费的时候完全不会觉得有多少负担，但是如果是交纳两个人的保险费，就会发现需要交纳的费用能高得让人感觉到一些压力。而且，过一段时间后随着孩子的出生，需要交纳的保险费还会更多，这时就需要整理一些不必要的保险了。但是很多时候因为本金会出现损失，所以很难整理。然而，不必要的保险整理得越快越好，因为尽快整理保险能把损失降到最低。基于此，我们绝对不可以执着于人寿保险的本金，如果那样的话我们很有可能需要支付更多的费用。

第三，如果夫妻两人一直都在进行基金投资的话，突然就会发现两人手中出现了很多类似的基金，甚至还有可能存在完全相同的基金。在这些基金中只留下三四种比较好的，剩下的基金则可以在观察股市之后寻找一个最佳时机出售掉。对于留下的种子基金，则可以按照自己的目标贴上标签，然后重新设定付款金额。如果这样进行过一系列的整理之后，对剩下的基金仍然不是很满意的话，则可以将基金全部拿去进行交易，然后选择较有潜力的基金重新开始投资，这也不失为是一个好的方法。

第四，对于不经常使用的存折也要进行一番整理。除了经常会使用的存折之外，也有一些都快被遗忘却突然出现的存折。为了能够让管理钱的人管理起来更加便利，除了经常使用的存折之外，其他的存折最好全部注销掉。这时要注意的一点是，需要注销的存折上有可能还存有一些余额，在这种情况下，可以使用网上银行或者相应的银行直接对存折进行整理。负责管钱的人也一样，除了必要的存折之外可对其他的存折进行必要的整理。即使如此，留下的那些存折也还是不少。

第五，此外还有定期存折、定期公积金存折等。已经过期的存折就要兑换成投资商品，或者制定新的目标。如果在某段时间里，没有任何目标，只是单纯地存了一笔钱的话，那么结婚后就要针对保留的所有存折制定一个目标。即使是只有很少余额的存折，也要赋予它一个新的目标，然后贴上属于它的标签。如果上面提到的所有存折中，你只有一个可以储蓄的存折，那也不要灰心丧气，因为新婚这一名词意味着一切要重新开始。只要从现在开始精打细算还来得及。

其次，细分吧

从 2009 年开始，我撰写的《我的存折使用说明书》等图书已陆续和读者见面，这些图书的书名中大多带着"存折"两个字。因为在我看来，管理钱的时候"细分存折"是一个非常重要的环节。

来公司向我咨询的人当中，有些人之前读过关于存折的理财图书，他们在这类理财书籍的指导下曾经尝试"细分存折"，然而却事与愿违，反而把存折弄得乱七八糟，这样的情况有很多。其实，理论和现实总是存在着很大的差异，相关的操作在熟悉它的人眼里是非常简单的，但是对于菜鸟而言，往往是还没有开始就已经产生了放弃的念头。

对于在理财方面还比较陌生的新婚夫妇，我会建议他

与不懂理财的人结婚，你就自己累到死

们在进行"细分存折"的时候尽可能建立比较简单的系统。就像游戏里也有等级之分一样,在初级阶段首先要熟悉最基本的系统,然后培养这方面的习惯才是最重要的。之后即使需要提高等级,也并不是一定要买关于理财方面的书来阅读,而只需查阅关于理财的网页,再亲自进行一次体验就能找到适合自己的方法,并且再活用于现实当中就可以了。

细分存折的基本原则

1. 必须要记录 3 个月的家庭账单。或许有人会觉得记录账单已经过时了,但是,在还没有完全掌握支出的规模和用途之前,至少要详细地记录 3 个月的账单。只有这样才能有效地进行储蓄,才能更快地达到目标。

2. 用管钱人名下存折存下所有的收入,而配偶只需要在发工资的当天进行一次转账即可,不要因为觉得麻烦就向后推迟。

3. 为各种临时支出准备的存折一定要附带刷卡功能。为了医疗费、化妆品费、服装购置费、祝贺与慰问费、逢年过节的红包等这些每个月都需要支付的非定期支出,需要申请一个管理这种支出的存折。

4. 把包括消费性支出在内的所有支出,自动转账到管钱人负责的存折上,这其中包括储蓄、保险费和基金等支出。只要对这张存折进行结算,就能知道每个月的消费性支出或者储蓄的动向。在进行自动转账的时候,首先考虑公积金、通信费等关乎信用的费用,然后是保险费和基金,而最后扣除的是股市等投资商品的支付额，按照这一顺序进行扣除比较好。大家是不是因为还没有提到关于如何设定信用卡还款的内容而感到茫然呢？首先要指定一张卡，这张卡的刷卡额度最好控制在存折里的存款额度内。之所以这样设定，是为了提醒自己不要超额消费。

5. 将非定期的开支分为 12 个阶段支付，然后从非定期支出存折中以刷卡的方式进行扣除。经过 1 年之后，如果这张存折上的余额较多的话，从第二年开始就要对非定期的支出预算作出适当的调整。

6. 如果无法控制服装购置费、化妆品费等开支的话，那么就需要另外准备一张用来支付这部分费用的存折。每个月往这张存折中存入一定的金额，然后在这一范围内用刷卡的方式进行消费。持续几个月之后，如果这张存折里没有余额的话，最好从一开始就要养成没有消费性支出的习惯。

7. 熟练掌握以上 1～6 的步骤之后，如果还想管理得更细致一些的话，就要对存折进行进一步的细分。将主存折再次细分为定期支出存折、储蓄以及投资的存折进行管理就可以了。

最后，贴上标签

如果已经把该注销的注销了，该细分的也进行了细分，那么现在就要拿着剩下的存折按照目标进行支配了，有必要的话就要再申请一张新的存折。夫妻两个人一起树立的目标中，不仅包括养育子女、购房等中短期目标，还包括

　　　　　　与不懂理财的人结婚，你就自己累到死

养老金储备等长期目标。当然，视情况还可以设定为庆祝结婚10周年，与孩子们一同到欧洲旅行的目标。针对不同的目标，选择不同的金融商品的内容，我会在下一章进行详细地说明。在这里需要强调的一点是，一定要给存折贴上标签，并且绝对不能撕下来。

当我们撕下存折上的标签时，之前所有的计划就会化为乌有，有时候甚至会陷入完全想象不到的困境中。我认识的一个人把所有存折的标签全部撕下来，买下了计划之外的房子。

在买房子之前，她每月都认真地准备孩子的教育费用，而且从新婚伊始便开始准备了家族旅行存折。她每个月都会再往存折里存入5万韩元。上小学3年级和5年级的两个女儿有一个共同的梦想，那就是在上中学之前能到欧洲旅行一次。

然而，看到2006年房价暴跌，她就改变了自己之前制订的计划。她觉得如果现在不买房，那么以后很有可能再也没有机会买房子了。所以在经过长时间的反复考虑后，不顾别人的反对，她还是贷款1亿5千万韩元买下了位于龙仁的一所公寓。为了减少贷款利息，她甚至挪用了原本准备给孩子们上大学的存款、准备家族旅行的存款和其他存折的资金。

但是，这件事情并没有以撕下标签而结束。贷款利息直线上升，而孩子们的教育经费也呈现出直线上涨的趋势，面对这种情况，她几乎已经没有什么多余的钱可以储蓄了。结果当大女儿步入大学校门时，她七拼八凑好不容易才准备了学费，但是从第二个学期开始她就要面临贷款学费的窘境。

现在，她除了一栋需要还一大笔贷款的房子之外，存折里几乎没什么钱了。最重要的是连可以与家人一起留下美好回忆的机会都没有了，这一点让她感到非常遗憾。从某种意义上说，她或许失去了比房子更为重要的东西。

要实现需要很多费用的梦想，最重要的一点就是"时间"。当你撕下存折上贴着的标签时，消失的不仅仅是这张存折里的钱，就连时间也会一同消失。基于这一点，贴上标签的存折一定要按照原定的目标进行管理，绝对不要撕下上面的标签。

在这里还需要强调一点，如果我们每次都拆东墙补西墙，那么也就意味着我们只能非常节俭地靠银行的存款利息生活，但是我们都非常清楚银行的利息远没有物价上涨得快。这样一来，存折里的钱当然很难增加，所以绝对不要撕下存折上贴着的标签。

　　　　　与不懂理财的人结婚，你就自己累到死

有必要准备一个对方不知道的秘密存折

结婚两年后的某一天，如果偶然发现了配偶的秘密存折，那么你会如何解决这件事情呢？是大喊"什么，怎么可以这样？"为对方的隐瞒行为感到气愤，进而与对方大吵一架呢，还是想着"早就怀疑了……"然后暂时睁一只眼闭一只眼呢？

如果是我遇到这种情况，会假装什么都不知道。而且我还会建议夫妻双方有必要准备一个对方不知道的秘密存折。但是绝对不要那种可以贷款的存折。

对此有些人可能会产生疑问，前面不是说结婚的时候要合并存折吗？那为什么还要准备秘密存折呢？其实，我所指的秘密存折是像"善意谎言"一样具有特殊意义的存折。结婚是两个各自生活了几十年的完全陌生的男女相互理解对方的一种生活方式，同时也是一个相互抚慰的过程。在这一过程中，双方必然会产生很多的分歧，也会有无法跟对方说出口的难言之隐。当然，还会出现与自己家人有关的支出，以及婚后也无法放弃的属于自己的梦想投资。

几年前，我与高中时的同窗好友聚会，我们聊着聊着就聊到了私房钱。大家之所以会聚在一起，那是因为我们和其中的一位好友失去联系好久了，突然有一天他非常豪爽地说要请客，所以我们三四个人难得聚在了一起。他的收入不用说大家心里也都很清楚，他用微薄的工资供两个儿子上中学，我们实在是好奇他哪儿来的钱请我们喝酒，所以我们干脆刨根问底地询问他到底是怎么回事。他说这都是自己在10年的时间里，非常好地管理了秘密资金的功劳。

这位朋友说，在婚后两年的时候，因为钱的问题与妻子大吵了一架。由于他的妻子对钱的问题非常敏感，所以对所有的存款事项问得非常仔细，而且自那次争吵之后甚至还有了偷看他账户的习惯。

有一天，他的弟弟打电话说自己出了摩托车事故，急需100万韩元，希望能借给他，而且保证一拿到工资就马上还钱。当时，我朋友的存折里正好有一笔钱，所以二话不说就汇给弟弟了。

第二天下班回到家，他看到一脸阴沉的妻子。跟预想的一样，妻子开始打破砂锅问到底，问他到底为什么将钱转账给弟弟。但是，即使他把前因后果讲得非常仔细，妻子还是不依不饶，说为什么都不跟自己商量一下就把钱借了出去。最后他没有办法只好让弟弟把钱还给他，但是他始终觉得作为哥哥这件事办得非常丢人。

从那之后，他才开始着手准备妻子不知道的秘密资金，然后一点点对其进行管理。他将从生活费中攒下来的钱或者意外得到的钱一点点攒下来，又用这些钱投资了基金。虽然这不是什么大钱，但也是一笔不小的数目。幸亏有这

与不懂理财的人结婚，你就自己累到死

些钱，所以他在帮助家里做这样那样的事情时，就不需要再看妻子的脸色行事了。更重要的是他减少了自己的开销，攒下了不少钱之后越发对攒钱这件事情产生了乐趣，很自然地就形成了节俭的生活习惯。他还劝我们每个人也准备一个秘密存折。

他还说虽然是忙忙碌碌的工薪阶层，但是一想到那张存折，就觉得其实亿万富翁也没有什么好羡慕的。而且即使身处这种步履维艰的职场生活中，也会深深地感觉到心里的某个角落非常的踏实。再也不会受到妻子的怀疑和看脸色行事，也可以很好地完成长子该做的事情，还可以计划能够与家人留下美好回忆的旅行什么的。他滔滔不绝地讲着这个存折的好处，他还说这是世界上最棒的一种存折。

如果是双职工夫妻的话，完全可以通过节省零用钱的方式，准备一笔秘密资金。每个月各自对自己的零用钱进行一次计划，至于剩下来的钱用在哪里、用多少双方互不干涉。需要说明的一点是，这笔钱的金额最好控制在500万韩元左右，因为可以用这些钱在纪念日的时候给对方准备一份意外的惊喜。这样一来，双方也会将对方的秘密资金看得很淡。

假设一个人一个月的零用钱是30万韩元，那么只要减少需要支出的一两件事，就可以存下5万~10万韩元。虽然也可以通过直接缩减零用钱的方式进行储蓄，但是如果每个月的零用钱低于30万韩元的话，这种紧巴巴的生活会让人喘不过气来，进而还会影响到想要进行理财的热情。想出可以持续省钱并且攒钱的方法，然后自发性地节省钱并将其存入秘密存折中才是最好的方式。即使以后这张存有秘密资金的存折被对方发现，但是如果能够正确解释这笔存款的用途和自己的意图的话，我相信配偶也是能够理解对方的，而不会感觉这是背叛。

如果觉得夫妻之间存在秘密让你感觉不舒服的话，其实并不一定要准备存有秘密资金的存折。但是如果在偶然的情况下发现了配偶的秘密存折，也不要对对方大加训斥。如果这张存折存在的意义和里面的金额你还能接受，那么就对这件事情睁一只眼闭一只眼吧。虽然说一心一意和同心同德是夫妻的相处之道，但是也不要以"你逃不出我的五指山"的心态束缚对方。正如两个人之间存在着诸多共同点一样，两个人之间存在很多差异也是可以理解的，所以在某种程度上，要承认并且要包容这些差异，因为只有这样，婚后才能生活得更加圆满和幸福。

有这样一句话："兔子急了也会咬人"。意思是当对方所有的退路都被封锁了之后，对方就会产生拼死反击的想法。但是如果在对方的退路上稍微打开一条缝隙，对方的警惕性就会降低，进而出现实力或者气势减弱的现象，这样就更容易打败对方。

在理财方面"欲擒故纵"这一策略显得尤为重要。如果无条件地让对方节省、积攒钱的话，那么人们十有八九都会选择放弃。钱只是维持生活的一种手段而已，所以结婚生活的目的并不是增加资产这件事。基于此，不要过早地要求对方勒紧裤腰带生活，至少不要好奇对方的零用钱用来做什么了，又是以什么样的方式花出去的。

与不懂理财的人结婚，你就自己累到死

借此机会，在使用零花钱时更加节省吧，就像我的那位好友一样十年磨一剑，准备出一张属于自己的秘密存折吧！当然，借此机会我也要向我的妻子坦白，我想告诉她其实我也有一个小金库。

别再开玩笑了，
如果再犹豫不决的话，一辈子就这么过去了
……

每个人的出发点都是相似的，但是为什么大家却拥有
截然不同的人生呢？

也许你自认为在非常努力地生活，但是生活状况为什么
却并没有好转呢？

一瞬间的错误选择，很有可能会影响他的一生，会让
他一辈子都戴着钱的枷锁生活。

如果你想要成为一个富人，首先要牢牢地掌握下面这
些基础知识。

第五章
先品尝存钱的愉悦，
后品尝新婚的甜蜜

WAM：首先要掌握成为富人的基础知识。

理财也有反弹现象

理财秘诀中有一项非常重要的原则，那就是"先存储，然后花剩下的钱"。很多人说，只要一拿到工资，就要把工资中的50%～70%直接存入银行中。

当然，首先进行储蓄是正确的，但是最重要的就是储蓄的可持续性，因为有时候仅仅依靠个人意志是很难将这件事坚持下去的。我刚开始作财务咨询的时候，会一味地建议客户减少消费支出，因为在我看来这是最好的选择。然而，不知道从什么时候开始，出现了故意回避我的电话甚至与我失去联系的客户。当他们好不容易联系我的时候，也都会抱怨因为储蓄而产生的压力，他们说那种压力反而让自己产生了一股想要疯狂消费的冲动，甚至会产生"我不管了"的心态，这说明出现了反效果。

不只是减肥的时候会产生反弹，理财的时候也会出现反弹的现象。不通过运动和食疗系统地进行有效的减肥，而是一心只想尽快见效、不断服用减肥药物，这样虽然能够降低食欲让自己摄取较少的食物，但是我们的身体会为了保护自己而大大降低新陈代谢，这时反而会出现增加食欲的现象而使身体变得比原来更加臃肿。

理财的过程中，也会出现这样的现象

由于过分的欲望，一夜之间完全改变平日里的消费方式，制订出几乎杜绝所有消费活动的储蓄计划，那么每次出现支出的时候都会感觉到压力，最后会产生"非要这样省钱吗？"的想法，从而感到疲惫不堪。

如果刚结婚的两个人，只要一有收入就把所有的钱都拿去储蓄，而无视两个人的基本生活方式和理财目标的话，那么过不了多久，他们就会对理财本身产生怀疑，甚至会放弃管理收入和支出。如果再严重的话，很有可能会在之后的 2~3 年时间里，直接放弃理财。如果这样对理财置之不理的话，有一天突然顿悟，想再次进行理财时所面临的状况只会比之前更加糟糕。

"挣钱之后马上存款，为了储蓄而挣钱，这种循环往复的生活到底要持续多久啊？我放弃了结婚之前经常去的那家美容院，而改去我家附近的那家小型美容院，我减少开支都已经到这种程度了，而且到现在为止我已经有 6 个月没去按摩院了。丈夫看到我最近突然变了很多，或许他为此感觉到有些不安，所以也开始缩减自己的开支了。不管怎样，接受您的建议我们还是先把贷款还上。所以一拿到月工资，第一件事就是把钱存到还款存折中。这样一来，平日里能花的生活费就变得少之又少了。刚开始的时候，只要自己节省多少就能还多少，所以感觉还挺有意思的。可是现在我甚至连和朋友之间的聚会都很少参加，所以我有时候在想，难道一定要省钱省到这种地步吗？"为了加入保险再次见面的多妍小姐唉声叹气地说道。

多妍小姐说，按照我的建议，把存折交给丈夫大浩先生管理。大浩先生在前两个月还会认真地看看存折中钱的存入、支出状况，发现消费比以前减少了很多。但是这对夫妻的消费支出仍然很多，所以他们想以后把婚房搬到别的地方，或者计划要孩子的话，那么他们就要过得比现在更节俭才行。

然而，仅仅过了 6 个月后，就出现了理财的反弹现象。突然间改变了很多婚前的奢侈生活方式，头两个月也许会因为存钱和新婚的快乐而暂时忘记花钱的乐趣。但是时间过得越久，就越会觉得偿还全部贷款和积攒房屋租赁费的日子遥遥无期。正是这样遥遥无期地进行储蓄的日子，才让人感觉透不过气来了吧！

如果不是多妍小姐这种结婚的同时为了还债强制性地进行储蓄的情况，那么需要先做一件事情，那就是了解自己每个月的平均消费水平，以及这些钱的用途。而做好这件事的最好方法，就是利用账本记录自己的每一笔开销。

但是利用记账本并不是想象中的那么简单，只有坚持记录一年以上才能明确地知道支出和收入的详细状况，才能分析出哪些是需要减少的项目。但是记录一年的账本，也并不意味着就要把钱放在连利息都没有的存折里，所以计划储蓄之前只要认认真真地记账 3 个月就可以大概了解并评价支出状态了。

把每月定期拿到的工资和奖金补贴等非定期收入全部加在一起，然后再分为 12 个月计算月平均收入。此时需要算出的并不是年薪，而是扣除税金和其他需要扣除的费用之后实际拿到的工资。月平均支出只要算出通信费、保险费等定期性消费，加上购买服装、化妆品等非定期性的支出，然后除以 12 个月就可以得出了。通过这种方法计算出来的月平均收入减去月平均消费的话，就能计算出可以进行储蓄的金额了。再用这些可以进行储蓄的钱购买适当的基金和累积型基金等金融商品也可以。

也有抛掉奖金、补贴或效益工资等，制定每月固定储蓄额的人。这时一定要将包含非定期工资的所有金额除以12，算出可以储蓄的金额。有奖金的月份通常都会放宽心，提前计划着怎么消费，所以花销比想象中的还要多。而善于储蓄的人能很好地管理这些非定期出现的奖金。如果这些奖金能一次性全部领取的话，就要将其当成一大笔钱进行管理。如果奖金在一年内分好几次发下来的话，一定要加入到收入中再除以 12，然后每个月都进行储蓄。

通过以上方式掌握了收支状况之后，先从工资存折中把将要储蓄的部分转出去，再往非定期支出存折中转账后，花剩下的钱就可以了。这样一来既不会感觉到压力，也不会出现反弹的现象，还可以持续地进行储蓄。

账本只需要记录 3 个月

记录账本的最大目的是记录支出，对不必要的开支进行反省并且减少这种开支，制订有效的预算，更好地进行理财。如果没有目的地单纯记录家庭账本，其实没什么太大的用处。

进行咨询的时候我发现，其实大部分人都不会记录家

与不懂理财的人结婚，你就自己累到死

庭账本，而且还有一些人没记录多久就放弃了。在进行咨询的时候，当问到支出内容时，很多人都会用每个月的数卡金额来回答问题。

我给多妍小姐提议只记录 3 个月的家庭账本，也是因为觉得以她的性格不可能记录比这更长的时间。记账 3 个月，就可以掌握最基本的收入和支出的情况。不多不少就 3 个月，只要在这段时间里认认真真地记录就可以了。虽然我如此强调记账的重要性，但是她没坚持一个月就放弃了，就连已经记录的账本内容也是漏洞百出。如此一来，还没来得及正式地检查两个人的定期、非定期的支出内容以及金额，工资一到手直接就用来还卡费和几个必须支出的项目，剩下的全部被转去还贷。所以还没来得及坚持多长时间，他们就已经感到无法喘息了。

京南先生和智秀小姐两家的情况是，只需记录 3 个月就可以一目了然地看到支出的内容，而且他们支出的项目和金额也在缩小，因此他们不会感觉到负担有多重。但是对于婚前就开始习惯进行炫耀性的消费，并为了维持品味而大手大脚的消费的多妍夫妻而言，又是一种完全不同的状况。他们会突然间感觉到生活质量发生了天翻地覆的变化，而且也没有养成节约的习惯，所以如果没有特别的动机，很难把储蓄继续下去。

所以，我再次让多妍小姐记录 3 个月的家庭账本，3 个月之后再对每个项目进行平均计算。而且我还建议她如果这段时间没有节日等固定的家庭支出的话，就要提前把这些费用都计算在内。此外，年终必须要支出的汽车保险等费用，也要包含在内进行计算。用这样的方式计算出月平均收入和支出，然后再从收入中减去支出，就能计算出可以进行储蓄的合理金额。

另外，对他们而言还需要确认一件事情，那就是这个是否可以不间断地进行储蓄，在心理上也会不会产生抵触的金额。因为宁可进展得稍微慢一些，也要选择不会出现反弹且可以持续下去的储蓄额度，只有这样的储蓄对他们才更有意义。这样渐渐地从改变两个人理财习惯开始，进而达到增加储蓄额的目的。

通过这样的方法将储蓄金额定下来，然后每月从工资存折中先把这部分钱转走的话，其实也没有继续记录家庭账本的必要性。但是如果想要停止记录家庭账本的话，也有一个前提条件。那就是把可以进行提前消费的信用卡放进柜子里，只使用在存折余额范围内的借记卡。还有一点，就是存折里没有余额的话，要么不进行消费，要么延迟消费。这时可能会有人产生这样的疑问，如果突然发生了意外事故需要现金的话该怎么办？为了应对类似情况的发生，我们只要准备应急存折就可以了。简单地说，我们只要把自己管理钱的系统转变成"不随意消费"的系统即可。只要养成这样的习惯，你存折里面的钱就会变得越来越多，时间越久复利也就会越多。

用普通的银行卡代替信用卡，账本就会出现变化

我建议多妍小姐不要使用信用卡。听完我的建议，多妍小姐非常严肃地问我："为什么要放弃打折优惠、积分、

无利息分期付款等各种优惠?"针对多妍小姐的这一提问我解释道："不去享受这种打折和积分的优惠,不去进行计划外的购物,使存折里的钱变得越来越多,这才是真正的优惠。"如果真有什么想买的东西,可以一次性支付购买。3个月内哪怕是硬着头皮记录账本的话,所有的支出内容也都能记录在头脑里,也能估算出大概的金额。当需要支出很大一笔钱的时候,应该先攒钱然后再进行消费,这才是正确的理财方式。

即使不再继续记录账本,而只是把银行卡的明细打出来查看,也能一眼了解到支出的详细情况。而且能使我们很自然地养成不提前消费的习惯,使非定期支出存折中的余额越来越多。在第六章中,我会详细讲解如何积攒这些小钱,然后攒出大钱的理财方法。为了不再使这些理财方法成为别人的故事,从现在开始通过使用银行卡的方法来减少非定期支出吧!

选择适合自己的金融商品也是有标准的

现在，每天都出现无数的金融商品，所以从中选择适合自己的金融商品并非易事。虽然有时候我们毫不犹豫地作了投资，但是最终的结果却并不尽如人意。当我们想学习一些关于金融的知识时，却发现里面的专业用语非常难以理解，从而使我们坚持不了多久就会放弃。即使我们想投资到最近很有人气的 ELS（股票挂钩证券）和 ETF（交易型开放式指数基金），但是购买证券的门槛并不像银行那么方便，感觉到这一过程很复杂。算来算去，最后唯一觉得可行的就是银行里的基金和存款。但是，银行目前的存款利息非常低，仅凭银行里的存款和基金很难应对不断上涨的物价。

如果想在投资金融商品方面获得成功，首先要了解商品的基本性质，然后再制订出原则和标准进行投资。为了图安全，一味地存款是问题，但是看好基金的高收益率，而只专注于股市等投资商品的话，其实也会存在问题。

选择金融商品的时候，最重要的是目的和投资时间，之后可以按照个人的倾向进行投资，同时也要考虑到所选商品的安全性和收益率问题。

　　　　　　　与不懂理财的人结婚，你就自己累到死

制定目标，然后选择商品

投资金融商品的目标一定要明确。因为这一目标有可能是 3 年后的结婚费用，也有可能是 10 年后购买房子的资金。人们在理财的时候之所以常常失败，是因为一开始没有确定具体目标。所有的金融商品都有它的优点和缺点，根据不同的目标和投资时间，优点有可能变成缺点，缺点也有可能变成优点。

完成目标都需要一定的时间。财务目标中有在两年内需要解决的短期目标，也有比这一时间更长的中短期目标，还有像养老金等为 15 年之后作准备的超长期目标。

现在让我们先思考一下每个月定额进行储蓄的方法，然后再思考如何运用大笔款项作投资的方法。京南先生一开始就没有确定自己什么时候结婚、结婚费用又需要存多少等目标，他没有整理这些最基本的内容，只是漫无目的地攒钱，而对投资丝毫不抱什么想法。为了不像他那样后悔莫及，赶紧明确理财时间和目标，然后再选择金融商品吧！

如果需要在短时间内准备结婚资金，那么就要放弃收益方面的问题。可以选择保住本金的方法，也就是选择银行存款的方法即可。像 KB 银行和新韩银行等主要银行虽然很安全，但是它们的利息也是非常低的，所以要找一个利息相对来说稍微高一些的金融公司，找一家比较可靠的银行进行储蓄，收取哪怕是年利率为 1% 的利息。

如果理财目标是 2~3 年之后结婚，那么绝对不可以投资到像股票或者基金等金融商品上，因为这种投资如果失败的话连本金都收不回来，这种类型是按业绩分红的商品。回想一下 2007 年为了增加结婚资金购买了基金，结果受 2008 年全球性金融危机的影响基金夭折的现象，当时不知有多少情侣因这个而未能步入婚姻的殿堂。

为了完成 3 年以上的中长期目标，最好还是选择积分式基金或者 ETF 等投资商品进行投资。作为理财商品，肯定具有本金出现亏损的风险，但是在目前这个持续低利率的状况下，即使所投资的商品会出现某种程度的亏损，我们也要通过很好的技术性管理来努力提高收益。

由于受到 2008 年全球性金融危机的影响，很多人在面对基金投资的时候会一味地回避此类型商品。然而，当时之所以会失败，并不是因为基金是不好的金融商品，而是因为人们在还不了解基金性质的前提下，轻信周围的人说的话所以才毫无顾虑地投资了。由于把年收益率过高地定在 20% ~ 30%，所以当年收益率上升的时候，心情会非常好而倾尽所有资金买入该基金；而当收益率下滑的时候，又害怕会降低收益而中断买入，甚至进行"逆行"操作。

10 年后要用的大笔款项，一般是准备房子或者是子女的学费，也有可能是养老金。而准备这种超长期目标的时候，最好选择具有免税和复利效果等优点的保险公司的长期商品。在这里需要强调一点，在选择商品时一定要选择能够"战胜"由于物价上涨导致货币贬值现象的商品。

但是，最好回避保险公司和银行方面以"免税基金"的名义极力推荐的免税储蓄型保险。因为此类商品在 10 年之后即使受到了免税的优惠，也只能达到银行储蓄程度的

　　　与不懂理财的人结婚，你就自己累到死

效果，所以不要被免税和复利等效果所诱导。而且按照现在的利率，加入了 5～6 年之后才达到本金规模，所以很难达到推荐人员所说的那种收益很大的效果。最重要的是公示利率根本无法顶住由于物价上涨而导致的货币贬值的现象。虽然账户上的金额变大了，但实际购买力远不如从前了。

一味地进行长期投资也并不是正确的

累积型基金投资，期限至少要定在 3 年以上。不管是起是落，进行定期累积式投资，降低平均买入价才能提高成功率。所期待的收益率要降低到银行定期储蓄利息率的两三倍左右，以上收益就当作是额外的赠送。

定好目标收益率之后，在适当的环节进行兑换从而实现收益，这样就能更有效地进行投资了。一味地进行长期投资也并不一定能获得成功。如果在进行长期投资的时候，遭受了像 2008 年那样的全球性金融危机，而当时又正好需要一笔钱，那么一直以来的辛苦就全部付之东流了。即使刚开始的时候把目标期限定为 3 年，如果达到了目标收益率，那么就等于实现了收益。即使处于亏损的状态，如果还剩下一定的目标期限，而且自己也不需要用到钱的话，最好不要兑换成现金而是继续保持下去，这也未尝不是一种很好的办法。如果想要通过投资金融商品获得 10% 的利益的话，同时也要记得有可能会出现 10% 的亏损现象。

如果不是每个月定期进行储蓄，而是直接投资一笔钱的话，重要的是先管理好风险，其次才是收益。为短期或超长期目标选择金融商品的原则，与之前提到的积攒一笔款项的情况类似。关键的是进行中长期投资的情况，在进行中长期投资的时候，首先需要考虑的事项是"守住"。用其中60%~70%的钱进行储蓄或者购买债券等安全的投资，在没有本金亏损的情况下尽可能获得哪怕是1%的超额收益。剩下的30%~40%，可以按照个人的投资倾向，进行ELS、整笔投资、ETF或者股票等风险投资。

如果我们每个月都攒一点钱，并通过这样的方式想要攒1亿韩元是需要很长时间的。但是如果投资失败的话，将1亿韩元全部亏损掉时则需要很短的时间，所以投资者在进行大规模投资时要慎重、慎重再慎重。一开始没有多少钱的时候，想要准备一笔钱并不是一件多么难的事情。只要减少不必要的消费支出，然后节省开支进行储蓄或者投资就可以了。但是想要利用这些通过省吃俭用积攒下来的钱，用钱滚钱的方式增值，这一过程比想象中的要难很多。即使这次做对了，但是如果最后一次出现了失误，那么一直以来的努力也将会化为乌有。

再次提醒大家，不要为了寻找更好的金融商品而白费力气，首先要定好自己的目标。然后再按照达成目标的期限或者个人的投资倾向，选择适合自己的金融商品。寻找好的金融商品并不是理财的目标，我们的目标是寻找能完成既定目标的作为一种手段的金融商品，只有这样才能成功地做好理财。

胡子和眉毛需要一把抓

近几年，就算要存钱也很难找到合适的金融机构了。

与不懂理财的人结婚，你就自己累到死

自从 2011 年下半年开始，突然爆发的储蓄银行停止营业的事件之后，人们很难发现支付比银行利息还要高的金融公司了。因为高利息的诱惑想要利用储蓄银行，但是又担心储蓄银行会不会再次出现停止营业的现象。2011 年，物价年上涨率达到了 4%，也就是说把钱交给银行的时候，扣除税金等各种费用之后，年收益率至少要达到 4% 才能保证自己的钱不会贬值。

假如我们把 1000 万韩元存入银行，除去税金之后一年收 3% 的利息，那么一年之后我们的存折里就会有 1030 万韩元。但是物价的年上涨率是 4%，那就意味着虽然我存折里的数目是变大了，加上利息变成了 1030 万韩元；但是这笔钱如果回到过去的话，只相当于 990 万韩元而已。与当初想要增值的目的恰恰相反，实际上钱的价值反而降低了。

举个例子。2012 年 4 月，某人以定期存款的形式把钱存入利息较高的 IBK 企业银行的"新市民存折"中，那么税前的年利息率是 3.7%，现代瑞士储蓄银行一年的定期存款的税前年利息率是 4.6%。将两家银行满一年后定期储蓄的利率和 2011 年的 4% 的物价上涨率进行比较，企业银行中的一年定期储蓄中产生的利息远不如年物价上涨率，实际上钱是贬值了。

如果在两家银行各存入受税金优惠的最高限额 1000 万韩元，过了一年之后企业银行会出现 3.3485% 的年利率（税金优惠 9.5%），按照这一利率计算一年后会出现 334.850 韩元的利息所得。而现代瑞士储蓄银行的年利率是 4.163%（税金优惠 9.5%），能获得 416.300 韩元的利息所得。也就是说，只有把钱放入现代瑞士储蓄银行，才能在这一物价上涨的现象中使货币不贬值。

但是想要利用税后实际利息仍为正数的现代瑞士储蓄银行时会存在一些问题。因为按 2011 年 12 月末公布的判断金融公司运营状况的安全性指标 BIS，这家银行达到了5.92％，被评估为不安全银行，也就无法排除被停止营业的可能性。

如果是这样的状况，就要选择虽然利息给得少一些，但是却较为安全的储蓄银行。经营指标相对良好的东部储蓄银行，到 2012 年 4 月一直保持 4.3%年利率，所以还是值得一试的。在目前这种储蓄银行的利率非常低，且竞争力很弱的情况下，我们可以亲自多跑几个地方，以寻找利息给得更多的银行。

京南先生爱上累积型基金

"您说什么？年收益率仅为3%的累积型基金怎么可能比利息率为6%的定期存款更好呢？我完全没办法理解。"

做完合并存折的事情后，接下来京南先生需要做的就是根据两个人的工资，寻找适合自己并且值得进行投资的商品。如果是在以前，京南先生的首选应该是银行，但是现在他会把各种金融商品广告递给我看，还会与我讨论这些金融商品的优劣。我建议他加入累积型基金，因为他在准备婚房的时候并没有太多的贷款，所以他有充分的钱可以进行投资。而且，如果他的短期目标是在3年后搬到一所押金式的租赁房中的话，那么对累积型基金进行分散投资无疑是最适合的投资方法了。

不过他看起来好像还是很担心本金会出现损失。所以我建议他只把每个月节能型储蓄中150万韩元中的50万韩元投到累积型基金上，剩下的则可以根据目标和期限对能够保证本金的商品进行投资。听到我的劝告，他表示会考虑这些建议，说再花点时间慢慢研究。长久以来，他一直都是选择死守本金的，这时突然间让他把钱放入有可能让本金出现亏损的基金当中，他自然会忧心忡忡和感到不安。

看来是时候对京南先生详细说明累积型基金的时候了。

在这一实质利息是负数的时代，为了防止自己的存款贬值，如果了解了储蓄银行，也了解了信协或者新社区信用合作社的话，那么现在应该是冷静地比较定期储蓄和累积型基金的时候了。如果每个月定期存入 100 万韩元进行一年的定期储蓄，并且年利率为 6%（当然，到 2012 年 4 月份，已经不存在年利率为 6% 的金融公司了）的话，一年之后除去利息所得税 15.4%，就可以拿到 329940 韩元的利息。相反，如果在累积型基金中存入相同的金额进行为期一年的投资，除以杂费再算出 3% 的收益率，那么能拿到手的钱是 357228 韩元。收益率仅仅为 3% 的累积型基金，居然比年利率为 6% 的定期储蓄的收益还要高，这样的事实不觉得非常惊人吗？

目前，定期储蓄的年利率为 5%，市中银行的年利率为 3%，所以即使累积型基金的收益率比 3% 的年利率低，但是它的收益也比定期储蓄的收益多。然而问题的关键是，累积型基金作为有可能给本金带来损失的投资商品，一年后是否一定能达到年利率为 3% 的收益？对于这一问题的答案是非常简单的，答案就是有可能达到这一效果，也有可能达不到这一效果。由于累积型基金属于按业绩分红的商品，所以根据股价的涨跌，1 年后有可能产生 3% 的收益，但是也有可能产生比 3% 更多的损失。

但是在通常情况下，根据中长期的目标，在进行为期 3~5 年的投资时，参考过去表现，可以确认能达到 3% 以上的年利率还是有很大可能性的。虽然我无法保证一年后的年利率一定能达到3%，但是过了一年半或者2年、3年等之后，也就是说投资的时间越长，年平均利率为3%的可能性就会越高。事实上，参加过累积型基金投资的人们都知道，年平均收益率达到3%并不是一件很难的事情。问题总是发生在人们为了获得几倍的收益，没有在适当的时期进行抛售。

如果累积型基金的年收益率为6%的话，那么再增加3%的情况下与定期储蓄的利率进行比较就会出现更惊人的结果，其收益相当于加入了年利率为13%的定期储蓄。收益率越高收益就越多，这就是为什么不能因害怕本金会出现亏损而只进行定期储蓄的理由，所以一定要冷静地比较储蓄和基金。

在这个低利率的时代，即使内心非常不安也要很好地管理这些风险，因为唯有这样才能进行能够战胜低利率和物价上涨的投资。投资的方法在前面的章节中已经作过介绍，就像我反复强调的那样，首先要根据自己的实际情况定好适当的目标、期限和收益率，然后再坚持这一原则不动摇就可以了。如果你是一个胆小鬼的话，可以先进行每月10万韩元的累积型基金，等培养出一定的自信心之后渐渐地增加金额也是个不错的方法。

规模不大时投资的意义似乎不大，但是等有了一笔数目不小的钱并且这笔钱逐渐增值的时候，投资就会变成一个非常难的问题。如果你现在有10亿韩元的本金，你又想一味地守住这些本金，那么你就需要在21家银行分开储蓄(当银行的储蓄者保护最高限度是本金和利息加在一起为

5000万韩元的时候）。要不然你就必须在自己家里放一个大型保险柜，然后再把10亿韩元放到保险柜里面锁好。只是即使你真的这么做了，你每天仍然会提心吊胆地过日子，因为你总是担心会不会有小偷来家里偷？为了以后也能更好地利用更大金额的资金，只要现在这种低利率的状况还在持续，就要从现在开始培养投资的经验和精神。

15年前当京南先生还是一名高中生的时候，他就因钱的问题苦恼过；即使是在不久之前，京南先生仍然因为钱的问题而将婚期推迟。虽然他有很多关于钱的苦恼，但是仍一心只想着守住手头的本金的话，他只能不断地进出各家银行。但是现在到了必须改变这种想法的时候了，如果京南先生想在15年后能过上与现在不同的生活，那么累积型基金就是他在投资道路上的第一个阶梯。如果说之前他都是默默地一路走过所有的坎坷的话，那么从现在开始为了达到新的目标，是时候更上一层楼了。

如果总幻想着一夜暴富，就会变成乞丐

你周围有没有通过股票一夜暴富的人？有没有因为这种投资而妻离子散的人？这两种人当中，哪种人更多呢？在支持股票投资的人和反对股票投资的人当中，哪种人更多呢？根据身边人的经验，你可能觉得通过投资股票变得一贫如洗的人和反对股票投资的人会更多一些吧。我也是如此，如果在我的客户当中，有不熟悉投资知识或者没有经验，而在进行股票投资或者对此有所关注的话，我会奉劝他们不要盲目地进入股市。如果他们非要进行股票投资

与不懂理财的人结婚，你就自己累到死

的话，我会建议他们进行 ETF 投资。

将投资任务全权委托给把客户当作红包的证券公司职员，然后以"不闻不问"的形式进行管理，这是股票投资中最典型的失败类型。证券公司的职员为了自己的手续费收入和人事考核，每天都会重复好几次买入和出售的过程，与客户的利益相比，他们更关注如何提高买卖周转率。

而且还有大部分老百姓利用原本就不多的金额进行投资，无法购买每股超过 100 万韩元的优良股，所以他们只能寻找每股为 2 万~3 万韩元的股票，又或者是从韩国电子股票交易系统中处于最下方的不明真相的公司中选择，他们连如何产生收益都不知道就冲着"潜力股"涌过去。有些人还会因自己周围的朋友或者职场同僚们说某某股票非常好，所以连分析都不分析就跟着别人进行投资。如果在证券公司中工作的朋友，提醒说有一支股票 3 个月内至少能翻倍的时候，通常会毫不犹豫地买入。

但是这样的股票大都在优良股上涨的时候不上涨，当股市下跌的时候会跌至谷底，然后突然某一天被迫退市甚至会变成一堆废纸。因为各种理由，随时出售或买入，瞄准短期受益的散户们，在大部分情况下"大家都在赚的时候赚点，而输钱的时候却一气儿输很多"，并且他们总是重复着这样的失败。

准备投资股市的资金时，也存在着一些问题。因为大部分情况下，配偶都会阻止股票投资。所以很多时候，人们都会偷偷摸摸地从存折中取款，或者通过信用贷款的方式进行股票投资。因为用来投资的本金是这种需要支付费用的钱，所以本应该赚取更多的收益才行，但是真想要取得这种效果并非易事。

当内心产生欲望或因惨遭损失而受到煎熬时，人们往往会通过信用贷款来进行投资。而且买入之后也没什么韧劲，一直重复着买入和抛出的过程。当这样的现象严重的时候，甚至会影响到正常工作，会一整天都只关注股票行情。正因为不断地重复买入和抛出的过程，所以产生的收益都与手续费相抵了。不仅如此，也会因只专注于股票而看很多人的脸色行事。

与不懂理财的人结婚，你就自己累到死

大浩先生，掌握常识后再进行股票投资吧

　　大浩先生在混职场的同时，也在进行着股票投资。因为他听过了许多前辈们的成功经验，而且他周围的很多朋友也都十分关注股票投资。但是，大浩先生最后还是在股票投资中失败了。由于性格的原因，大浩先生在一个项目中获得了"暴利"，但同时也会损失很多。在赚钱的时候，他会非常豪爽地请朋友们大吃大喝，很痛快地刷卡结账，甚至还通过分期付款的方式购买了一辆进口小轿车。而在出现亏损的时候。他居然还贷款炒股，他是想通过"行市走低时加大证券收购量"的方式降低平均单价，结果连贷款都输得精光。

　　最重要的是，他虽然进行过很长时间的股票投资，但是却一直没有明确的投资标准。虽然我和他的第一次咨询变成了最后一次咨询，但我还是听到了他的一些股票投资经验，他似乎主要是通过公司内部股票投资者透露的信息和与证券有关的网页或者广播中推荐的种类进行投资，严重的时候一天之内能重复好几次买进和出售。

　　我建议他如果想在两年内结婚，那么最好不要再继续炒股。但是为了一把解决不足的结婚费用，他利用 MMF 存

折中的钱进行了股票投资。然而提前到来的结婚，使他未能完成"一炮而红"的梦想。

读到这里，很多读者也许认为我在建议大家不要对股票进行投资，当然如果以大浩先生那样的方式进行投资的话我仍然会加以阻拦。但是在常识范围之内进行股票投资，那是对资产进行管理的重要手段之一。特别是现在这种低利率时代，我们更加需要关注股市。刚开始准备一笔存款的时候，并不需要了解什么是股票投资。然而，随着资产的逐渐增加，仅凭银行的存款或者定期存款，我们很难得到自己所预期的投资收入。在这种情况下，我们很自然地就会将视线转移到股票投资上。

攒钱的时候，无论怎么努力地进行储蓄或者购买累积型基金，相互间不会产生太大的差异。但是已经有了一笔种子钱之后，根据不同的方法进行分散投资，资产增加的速度就会完全不同。

有1000万韩元的人，如果将全部的钱都投入到股市当中而一旦失败的话，那么这个人几年来努力积攒的钱就会在一瞬间化为乌有。所以，这时最好看都别看一眼股市。但是，如果积攒了5000万韩元或者1亿韩元以上的话，那结果就完全不同了。那么利用这笔存款中的10%～20%的资金进行股票投资，即使失败了也不会对整个资产产生太大的影响。但是如果在股票投资中获得了平均收益的话，整体的资产规模至少能提高一点点。如果是用来结婚的钱或者是在未来1～2年内要用到的钱，那么最好不要利用这笔钱进行股票投资。只有在时间上具有绝对弹性空间的钱，才可以拿来进行投资。

进行股票投资的时候，也要时刻遵守相关的原则。至少要学习股票的原理，对自己想要投资的股票发行公司也要有最基本的了解，比如股票发行公司的现状和未来成长的可能性等。也要从专家那里得到充分的建议，然后自己再好好地思考进行投资是否正确，经过一系列深思熟虑后再决定是否购买股票。

虽然长期的投资无法保障一定能获得收益，但是必须长期、有弹性地进行投资，因为这样才能提高成功的可能性。就像基金一样，先设定好目标收益率，中途一点一点实现收益，这不失为提高成功可能性的好方法。还有一种是相信长期性的成果，所以长时间持股，利用收到的分红进行重复投资，期待复利效果也是很好的投资方法。

在资本主义市场中，股票是需要彻底了解、彻底活用的充满魅力的投资商品。不要因股票具有很大的风险而一味地回避，当然这并不意味着我们就要毫无选择地进行投资。设定从容的投资时间，从大额存款中按照一定的比率准备种子钱后，再通过一定的原则进行投资。这样一来，我们就能更加快速地增加自己的资产了。

不要用借来的钱进行投资，也不要盲信别人的话而跟着别人一起投资，更不要为了一获千金而以"不闻不问"的方式进行投资。一个人把自己的全部资产当成赌注，以"不成功便成仁"的态度进行投资管理的话，那是绝对不可能取得成功的。一不小心就会在顷刻间变得一无所有，这就是残酷的股市。

孝敬父母要从小金额开始，这样日后才能尽更大的孝道

一旦结婚，无论是谁都会变得非常孝顺。每个月还会按时给父母生活费，在遇到逢年过节和生日等家族聚会的时候，开支自然也会随之增多。即使在经济上绰绰有余的父母，也会认为该从已婚的孩子那里得到一些生活补贴。而且给双方父母公平地尽孝时，支出自然就会变得不可小视了。

即使是婚前，也应该把对父母的尽孝费用当作是支出的一部分。这笔支出的确是"优秀"的支出，但是支出就是支出，所以一定要有计划地进行。

我想有些读者的父母每个月都会有定期性的收入，在经济上还是绰绰有余的。当然也有不仅给父母生活费，而且还得负责其他亲人生计的读者。

但是除了必须要支付的生活费，或者需要负责生计的情况之外，如果父母在经济方面还比较富裕的时候，为未来作准备是更为明智的做法。

当父母渐渐老去，他们出入医院的次数也会逐渐增加。如果父母出现住院的情况，我们作为子女理应负责父母的住院费。而且当父母的经济能力下降之后，很有可能我们

与不懂理财的人结婚，你就自己累到死

每个月还要给父母一定的生活费用。到那时我们需要承担的不只是父母的生活费，而是需要支付一笔为数不小的钱。面对这样的情况，如果平时没有额外地进行储蓄的话，就要把用于其他目标的钱支出来使用。当然，如果不是每个月都必须给父母提供生活费的情况，那么不妨跟父母好好商议一下。告诉他们为了未来有可能出现的应急情况，你需要好好地进行储蓄。我相信他们会感到更安心的。

多妍夫妇较晚成为孝子孝女

跟其他同龄人一样，多妍这对夫妻在各种项目上花费了很多。但是在这些支出项目中，却没有对父母的尽孝费用。但是婚后他们决定每个月都要给双方的父母一些生活费，于是问题就出现了。

多妍小姐的父母虽然拥有不动产，但是他们并没有多少现金资产。所以一想到弟弟妹妹们的结婚费用，如果不卖掉公寓的话，他们都很难准备出宽裕的养老金。大浩先生的父母是靠年薪生活，虽然目前居住的公寓是他们唯一的资产，但是他们独自生活是完全没有问题的。

多妍小姐觉得目前作为婚房的公寓是父母名下的资产，虽然每月会按时交纳房租，但是由于是自家人居住，所以在这段时间内又不能提高月租费。因此，她才觉得给自己父母的生活费要比给大浩父母的生活费更多一些才对。但是大浩先生却认为，既然是生活费那么两家就要给的一样。假设给双方父母的生活费各自都是 50 万韩元，那么他们每个月就要支出 100 万韩元。夫妻两人花钱向来大手大脚，再加上逢年过节、额外送礼物或生活费，这么一来尽孝的费用就是一笔不小的费用。

婚后每当给双方的父母生活费的时候，两人之间必然会进行一场没有硝烟的战争。多妍小姐说，婚后因钱的问题，感觉自己每天都过着"跳出油锅又落入火坑"的生活。她一脸苦恼地说，自己直到35岁都没有因为钱的问题而烦恼过，不知道为什么现在却因钱的问题天天争吵。

我对这对情侣说，把尽孝的费用减到每月30万韩元，眼下父母又不是一点生活费都没有。更何况两个人都是长子长女，日后需要尽孝的费用会越来越多。最重要的是两个人目前的财政状况正面临着的巨大的负担，就目前来看，与父母相比他们自己的财政状态更为窘迫。为了还贷款，夫妻二人已将自己的绝对消费全部减掉了。在这样的情况下，他们不能再用以往那样大方的方式尽孝了。

在凭着自身的收入水平决定给父母多少钱之前，先仔细考虑自己目前的财政状况和双方父母的情况，然后再决定尽孝费的标准。如果情况不尽如人意的话，那么就应该把现在自己所面临的问题尽可能地给双方父母解释清楚，千万不要造成不必要的误会。别以为"既然是父母和子女的关系，相信他们都是会理解的"，如果没有任何解释不给父母生活费的话，那些失望和埋怨就会转嫁到儿媳妇和女婿的身上。

一旦开始支付尽孝的费用，在中途就很难中断，也很难减少这项费用。不能只考虑目前作为子女的道理，还要应对以后父母的经济能力变得很差的时候，所以要明智地

与不懂理财的人结婚，你就自己累到死

决定这笔支出的大小。未婚的时候，自己有很多剩余的钱，所以给了父母多尽孝费用；然而结婚之后这项费用减少了很多或者无法支付时，父母就会感到很失落。因为是子女和父母之间的事情，所以父母当然能理解，但是内心的失落感终归是无法抹去的。

给双方父母相同的尽孝费，这并不是什么本事

二十多年来，两个人都生活在完全不同的环境中，当他们结婚走到一起的时候就会发现双方父母的状况是不同的。或许配偶的父母在经济上比较宽裕，但是自己的父母在这方面很差，所以有可能需要给父母提供生活费，当然这样的状况有可能也会反过来。但是，如果不考虑实际状况，却执拗地认为对双方的父母一模一样才是正确的，那么这样做之后自己不会再有任何怨言，但是这对一个家庭而言确实是很大的负担。

如果出现这种情况，双方不妨坐下来好好沟通，进行适当的调整之后再定标准。并不是对两家一模一样才是本事，而是要按照双方不同的状况制定适当的标准。而这样的事情最好是由两个人当中，在经济上比较宽裕的那一方来开头比较好。对于父母的状况比较差，需要给父母生活费的一方而言，这样的话是很难说出口的。特别是只有丈夫一个人挣钱的时候，丈夫更要考虑妻子的立场，还是由丈夫先开口议论这种事比较好。这样的关爱才能使夫妻之间的关系更加牢固，也才能成为婚姻生活中更加坚实的支柱。

宁可饿肚子，也要申请一张一生专用的休闲存折

京南夫妇对理财慢慢有所领悟了，我在建议他们投资累积型基金等金融商品的同时，还建议他们一定要准备一张"一生专用的休闲存折"。这时，京南先生却突然提出了一个问题，他询问银行是否真的有这种存折，这不禁让我捧腹大笑。这张存折对于比谁都诚实，通过省吃俭用的方式攒钱，一心只想过不愁钱的日子的京南先生而言，是一张"梦想与幻想的存折"。

谁也不知道他以后会不会成为拥有 30 亿资产的富人。即使他没有成为那样的富人，但是他也能享受与最爱的家人一同旅行，或者是打网球的生活。想要做到这一点就需要准备一张余额专用存折。结婚之后小两口在恩恩爱爱、吵吵闹闹中过日子，生活状况很难一下子发生改变。当有了孩子之后，这样的状况会变得更加严重。这样一来双方自然就会减少业余生活方面的支出，也很难制订出具体的计划。

结婚费用、购房资金、子女的教育费用以及养老方面的计划，这些在生活中必须要准备的费用，很难仅凭月薪作出完美的计划。即使婚后夫妻双方都上班挣钱也是一样，

与不懂理财的人结婚，你就自己累到死

为了这些未来的生活目标，我们需要建立一个体系，有计划地进行储蓄。

为了自己或者家人的快乐，我们需要准备出一张另有他用的存折。虽然金额可能不多，但是每个月都拿出一小部分钱进行储蓄，为以后自己和家人能够拥有快乐时光作准备，这种事情想想都会成为生活的调味剂。

每逢节假日，我们的兴奋指数也会升高。职场生活无论多么让人烦躁，无论上级把自己折磨得多累，临近节假日我们都会放宽心，也很少会发火。只要准备了这种休闲专用存折，平时也能享受到这种快乐。考虑到收入问题，每个月只需要存入 10 万～20 万韩元，它就能成为自己和家人的快乐投资。如果在旅行或者业余生活中，都要用信用卡进行消费的话，这种快乐过不了多久就会因收到的交费通知单而无影无踪。但是如果使用这张存折里的钱进行业余活动的话，我们会觉得这像是自己和家人受到的特别奖励。

如果养成了使用这种存折的习惯，即使无法马上去旅行，但是一想到未来的那些快乐日子，可以在让人窒息的日常生活中也能让自己感受到一丝安慰。旅行，本来就是起程之前最让人激动。因此可以说，那张存折中积累的不仅仅只是钱，而是快乐和激动。

在谈论自己的其他财务目标的时候，京南先生一脸惆怅。但是当谈论到"休闲存折"的时候，他的双眼顿时变得炯炯有神。就像写出 15 年后拥有 30 亿韩元的时候想要做的事情时那样，他的眼神中充满了期待。

理财的时候不仅需要鞭策，还需要让我们尝到甜头，一味地省吃俭用、勒紧裤腰带也并不一定是正确的。在这一过程中，我们也需要可以稍作休憩的树荫。每个月存钱的时候，我们也会攒下快乐和幸福，没有比这更充实的复利存折了。

与不懂理财的人结婚，你就自己累到死

不要感到惊讶，
我一分一分攒下的小钱要比别人中彩还要多
……

在乎小钱，何时才能摸到大钱呀？
理财太复杂，让人头昏脑涨？
如果持有这种心态，忽略小钱的话，那么这一辈子就
别想见到大钱了。
即使是小钱也要像富人那样进行管理和投资。

从现在开始要介绍的理财故事，针对的是刚开始学会管理钱的 25~35 岁这一年龄段的读者。为此，我特意挑选出我在提供咨询和演讲时被问及最多的问题，并整理了这些问题的答案。现在每天都会推出数十种金融商品，面对如此多的金融商品很多朋友都会不知所措，有的人干脆选择放弃或盲目跟风。为了避免上述情况的出现，挑选其中必要的金融商品，在这里就向大家介绍一下可以好好利用这些金融商品优缺点的方法。只要掌握了这一点，小钱就会变成大钱，大钱将会成为变成富人的本钱。

第六章
比起单身的大钱，
情侣的小钱更重要

WAM：即使是小钱也要像富人那样进行投资。

存取款存折里的小钱也要用心管理吗

如果小看小钱，那么一生都要为钱而担忧

"执着于小钱的话，感觉更攒不到钱了。"

"为了省下那几个钱，有必要那么做吗？"

我在各地进行演讲的时候，总是会遇到像上面说的那样进行反问的人。这种人进行咨询的时候，不会要求我对他们的现状进行客观地评价，也不会要求我给他们提供一些逐渐改善这种状况的方法，而是要我告诉他们马上可以用小钱赚大钱的方法。他们认为小钱就当着小钱花，有了大钱则想用它赚像富人那么多的钱。这样的顾客通常只会进行暂时性的咨询，因为他们不愿意做通过持续的金钱管理变成富翁的练习。

然而，富人的共同点之一是即使是几千韩元的小钱，他们也绝对不会小看它。虽然大家都知道一分一分地攒小钱的习惯是变成富人的第一步，但是现实情况却是比任何人都应该重视小钱的人，却把小钱不当回事。

现在大家不妨查看一下自己按照银行或证券公司的建议，办理之后放在抽屉里的存取款存折一共有几张，还有就是每张存折里的余额各是多少。理财的第一步是不把小钱当小钱，好好地管理存取款存折。

银行存取款存折，比起高利率，免手续费的更好

存取款存折大体上可以分为银行推出的和证券公司或综合金融公司推出的 CMA（现金管理账户）。虽然这些商品的功能大同小异，但是它们各自提供的优惠项目是不同的，所以经过仔细分析之后，选择有利于自己的商品即可。最近以来，随着吸引存取款存折顾客的竞争变得越来越激烈，许多金融公司都推出了提供各种优惠的商品，使用起来也十分便利。现在，每一种存折的优惠项目都不同，所以只要正确地选择适合自己的存折，然后再好好地对存折进行利用的话，就可以把小钱变成大钱。

通常情况下，银行都是根据工资转账或自动转账等业绩来提供利率优惠的。不过，证券公司或综合金融公司一般都会无条件提供利率优惠，再根据工资转账或基金转账等业绩，提供自动取款机的利用或汇款转账等方面的免手续费优惠。

在使用存取款存折时，最值得关注的是利率和免手续费优惠。利率自然是越高越好了。不过，对我们而言免手续费优惠可能会比高利率更好。如果我们在其他银行的存取款机取钱的话，我们需要支付 1300 韩元左右的手续费。通过网上银行不是向往来银行（办理存取款存折的银行）汇款，而是向其他银行汇款时，也要支付 500 韩元左右的手续费。

假设我们一个月有十次是在其他银行的存取款机取钱，或向其他银行汇款的话，那么一个月我们需要支付的手续费就有 18 000 韩元。无意间浪费掉的 18 000 韩元是，你需要把 54 万韩元存入年利率为 4%的银行一年之后，除去税金才能得到的金额。这绝对不是一笔可以小看的数目。

在银行存款时，本金加利息最高可以得到 5000 万韩元的存款人权益保护，所以不用太担心本金的损失问题。只是根据存期的长短，其利率的差异很大，所以这一点一定要多留意一下。

韩国标准渣打银行的 "dudeulim 存折" 是存期在 31 天以上时，提供年 3.33%的利息；存期不足 31 天时，利率为年 0.01%。韩国花旗银行的 "真聪明 A＋存折" 是存期在 31 天以上时，提供年 3.33%的利息；但是存期不足 31 天时，利率为年 0.1%。

当然，除了上述情况外也有其他的情况。最近进军零售金融业务，并积极开展营销的 KBD 产业银行的 "KDB Direct 存折" 则与存期无关，提供年 3.5%的利息。

从存款金额方面来看，KB 国民银行的 "start 存折" 对存款金额在 100 万韩元以下的提供年 4%的利息，存款金额在 100 万韩元以上的利率为年 0.1%。韩国标准渣打银行的 "职场人存折" 设定的工资转账，对转账金额在 100 万韩元以下的提供年 4.1%的利息，对转账金额在 100 万韩元以上的则只提供年 0.1%的利息。然而，上面提及的 "KDB Di-rect 存折" 是不限存款金额的，换句话说，不论存款金额为多少，KBD 产业银行都提供年 3.5%的利息。

此外，还要留意免手续费的问题。大部分存取款存折只要满足工资转账或自动转账等银行要求的一两项条件的话，银行就会为客户提供免手续费的优惠。

韩国标准渣打银行的"dudeulim2U 存折"的情况，存期未满 31 日时按年 0.01% 计算利息，31~180 日时按年 4.10% 计算利息，181 日以上时按年 3.30% 计算利息。因此，存期在 31 日以上时，此存折的利息条件比提供年 3.33% 利息的"dudeulim"要好。只是，"dudeulim 存折"提供免手续费优惠，而"dudeulim2U 存折"则没有免手续费的优惠，频繁利用自动取款机取款或转账的人，更要留意这一部分。

现金管理账户（CMA），比起利息，要更留意优惠项目

现金管理账户（CMA）是像东洋证券一样的"证券公司"或锦湖综合金融一样的"综合金融公司"推出的商品。以前也有无法自动转账的项目，用现金管理账户也无法直接汇款，所以要利用合作银行的虚拟账户汇款，但是现在已经不存在这种不便之处了。

在使用现金管理账户的时候，要考虑存款人权益保护、利率、附加优惠和是否便利等部分。

对存款人权益进行保护的现金管理账户是由提供综合金融业务的锦湖综合金融和梅里茨综合金融（Meritz Investment Bank）推出的。东洋证券的情况是，最近停办综合金融业务，所以无法再办理现金管理账户，但是利用"预收款"商品的话，现在（2012 年 5 月）可以获得年 3% 的预收款利用费，而且还能享有存款人权益保护。

与不懂理财的人结婚，你就自己累到死

现金管理账户一般都是用在各种金融商品（CD、CP、RP、债券等）进行投资而获得的收益给顾客支付利息。

有的CMA商品是像东洋证券的CMA—MMW一样，与预存期限无关，一律支付年3.4%（2012年5月）的收益。也有像锦湖综合金融的"e—plusCMA"一样，1日按年3.4%计算，270~365日按年4.1%计算，根据预存期限支付更多利息的商品。（只有锦湖综合金融和梅里茨综合金融推出了根据预存期限，支付更多的利息，并对存款人权益给予保护的商品）

我们偶尔会因为具体功能稍有区别的CMA—MMW、CMA—RP、CMA—MMF等名称，在选择商品的时候感觉有困难。这些商品都是通过向安全的金融商品进行投资之后，把从中获得的利益进行分配的，其收益率也大同小异，所以只要选择收益率较高一些的商品即可。

此外，有必要关注一下附加优惠项目。每家金融公司都会为了提高现金管理账户的竞争力，向顾客提供各种附加优惠。Mireaasset证券CMA推出的pluspack服务是，只要满足"每月自动转账公共事业费1次以上"等的一定条件，就可以在三种服务中选择一项。"免收自动取款机取款手续费的服务"；"只有向100万韩元以下的金额提供CMA—RP收益率3.2%的基础上，再支付2%的超额收益的服务（2012年5月）"；"提高限额的同时，降低超额收益率，只向300万韩元以下的金额提供CMA—RP收益率3.2%的基础上，再支付1%的超额收益的服务"，在这三种服务中选择最适合自己的服务即可。只是，Mireaasset证券每个月都会重新选定服务对象，以一个月的期限提供服务，所以每个月都要重新制定一次服务基准。

三星证券的"cash Reward 服务"也值得关注一下。它是只要满足"每月自动转账公共事业费 1 次以上"等基本的交易条件，就会把客户购买基金金额的 0.5%、每月最高 3 万韩元，网上股票交易手续费的 10%、每月最高 3 万韩元，自动转入客户的现金管理账户的现金补偿服务，对股票和基金进行投资的朋友，可以选择、利用这一服务。

不过，附加优惠项目是会根据公司的政策终止或变更的，所以在加入之前，进入公司网站进行提前确认，或给公司客服中心打电话咨询一下为宜。

当然，我们还要考虑的是利用商品的便利性问题。锦湖综合金融 CMA 能对存款人权益给予保护，提供的利息也较高，但是它的营业厅在韩国只设在首尔江北、首尔江南、光州和木浦这四个地方。若是客户居住在釜山的话，即使它向客户支付很高的利息，但是如果考虑时间和费用的话，有可能会给客户造成损失。相反，像新韩银行和外汇银行一样的商业银行，在韩国则设有很多营业厅，所以很方便，但是这些银行的利率都不是很高。其实，每种存取款存折在预存期限、利率优待金额限度、附加优惠及交易的便利性等方面都存在优缺点。大家在分析每种存取款存折的缺点之后，正确地选择适合自己的存取款存折，并把其优点最大化利用就可以了。

与不懂理财的人结婚，你就自己累到死

存取款存折里除了没有找到适当的投资项目暂时握在手里的钱、应急存款、生活费或零花钱之外，没有必要存入多余的钱。因为存取款存折的利率再怎么高，大部分也不会高于定期存款的利率。

还有，就预存期限或利率优待限额等方面来看，只利用一张存取款存折的话，是无法有效利用每家金融公司推出的不同优惠的。况且，大部分存折都适用先存入的钱先取出来的"先入先出法"，所以根据预存期限利率，不同的存折也无法得到高的利息。因此，按照用途，办理两三张存折之后，根据情况使用最有益的存折为宜。

像应急金一样除了紧急的情况之外，将暂时不使用的钱存入韩国标准渣打银行的"dudeulim2U存折"的话，就能够多获得一点利息。

像生活费或零花钱一样每个月都会花费的钱，利用存款金额在100万韩元以下一年支付4.1%的利息的韩国标准存入渣打银行的"职场人存折"就可以了。投资基金或股票的朋友，开设三星证券的"CMA+存折"，享受"cash Reward服务"，可以期待CMA收益和超额收益。

若是综合考虑CMA的高收益、存款人权益保护、投资或便利性等问题的话，利用营业厅多、推出多种投资商品的东洋证券的CMA也是一种不错的选择。

即根据自己的目的办理两三张有利的存取款存折，有效地利用就可以。金融公司绝对不会亲切地提前告诉你这些内容。如果你去的金融公司的产品不靠谱的话，更是如此。

我们不辞辛苦，东奔西跑，多去几家金融公司咨询了解的话，不但不会被它们利用，反而可以聪明地把小钱攒成大钱。

主要往来银行绝对不会告诉你的真相

1.若想成为银行的主要往来客户，就要坐着办理业务。不是存取款窗口，而是要经常利用咨询窗口，才能够得到主要往来客户的待遇。

2.存取款存折不用太在意存款人权益保护问题。如果是要考虑存款人权益保护程度的金额，那就绝对不可以存入存取款存折里。

3.在与金融公司进行交易的时候，绝对不能被挂在墙上的横幅广告或广告语所迷惑。一定要把小字也仔细地读完，这样才能知道关于产品的真相。

与不懂理财的人结婚，你就自己累到死

整存整取和零存整取，只要利息高不就是最好的吗

先比较税金，不要被复利所迷惑

"整存整取和零存整取存在什么差异？"

"复利商品自然比单利商品的利息多了。"

在储蓄的时候，最基本的金融产品是整存整取和零存整取。即使是对理财一窍不通的人，我想不会有连一次都没有进行过存款的人吧。不过，正确地区分整存整取和零存整取之间的差异，并仔细分析过零存整取的利率适用范围的人并不多。

在选择整存整取或零存整取产品的时候，最应该留意的部分就是利率和税金。利率自然是越高越好，税金最好是不缴纳或少缴纳。

然而，金融公司不会无条件地向客户提供高额利息，政府也不会无条件地免除纳税人所应该缴纳的税。只能自己多考察考察，寻找利息高一些的金融公司，了解能在合法的范围内少缴纳税金的方法，这样才能获得更多的利息。你或许会觉得这是几个小钱而根本不把它当回事，但是你要知道大的成功总是通过小的成功不断反复才得以实现的。

我们通常使用的资金雄厚、随处可见的商业银行的利率都普遍偏低。就当成是作为没有拿不回存款的危险代价，得不到高额利息就可以了。

而因为设立的营业厅不多、不好找，因停止营业事件经历困难的储蓄银行，虽然安全性比商业银行低，利用起来也不是很方便，但是其给客户的利息却比商业银行高一些。储蓄银行在到 2011 年停止营业事件之前，因为零存整取的利息比商业银行多支付给客户 2%~3%，整存整取的利息也多支付给客户 1%~2%的关系，所以对理财感兴趣的人大多数都选择了储蓄银行。然而，现在储蓄银行与商业银行之间的利息差异明显缩小，但是由于人们不知道储蓄银行何时又会停止营业，所以因这种不安心理去储蓄银行的人明显减少了。

零存整取和整存整取，比起利息所得，先分析税金

对于利息所得一般会扣除 15.4%的税金。假设零存整取或整存整取存期满后，涨了 10 万韩元的利息时，就会从中扣除 15.4%，即扣除 15 400 韩元，而只给你 84 600 韩元的利息。当然，并不是所有的整存整取和零存整取的税率都是 15.4%。农业协同组合、水产业协同组合的单位组合或信用协同组合、新村金库等，对人均不超过 3000 万韩元的存款，只征收利息所得的 1.4%的税金。

税金优惠也是一定要知道的内容。所有的金融公司，对于人均不超过 1000 万韩元的存款，缴纳利息所得的 9.5%的税金即可。假设在 KB 国民银行，对于 1000 万韩元的存

款享受到了优惠税金的待遇，那么在现代瑞士储蓄银行等其他的金融公司就无法享受税金优惠了。

若想获得更多的利息，那么在了解利率高的金融公司的同时，还要详细了解一下对于利息所得税的优惠服务。在把钱存放在金融公司之前，还要考虑这家公司的安全性问题。综合这些条件之后，选择获得利息最多的金融公司即可。当然说不好哪一种选择是最好的。因为每个时期都会略有差异，所以在要加入整存整取或零存整取的那一时期，选择最有利的金融公司就可以了。比起零存整取，根据这些条件，整存整取所获得的利息的差异是很大的，所以尤其要多加分析。

在加入整存整取或零存整取产品前，先通过MONETA（www.moneta.co.kr）等理财网站进行了解的话，就能够轻松地找到提供最高利率的金融公司。

经过仔细确认之后，如果发现提供最高利息的是像现代瑞士储蓄银行一样的储蓄银行的话，绝对不能只因为其利率高而盲目地加入。若是日后万一其被停止营业的话，事情就会变得很麻烦。如果本金加利息在5000万韩元以下的话，就不用担心收不回钱的问题了，但是与本人的意志无关，存款有可能会长时间取不出来。

登录现代瑞士储蓄银行的主页，阅读经营通告，检验安全与否。逐一阅读有点困难，但至少要确认BIS（国际清算银行）基准的自有资本比率和固定以下贷款比率。BIS比率越是低于8%就越安全。像最近一样，储蓄银行经常被停止营业的状况下，有必要把基准提高一些。

2012 年 5 月，作为商业银行的友利银行的 1 年满期的"橙子定期存款"的利率是年 3.84%，储蓄银行中经营指标相对良好的东部储蓄银行的利率（2011 年 12 月末 BIS 基准的自有资本比率是 12.08%，固定以下贷款比率是 3.92%）是年 4.50%，属于平民金融机构的禾谷信用协同组合的利率是年 4.50%。

假设在上面提到的每家金融公司，各存入 3000 万韩元的一年定期存款。友利银行和东部储蓄银行对 1000 万韩元提供税金优惠，对 2000 万韩元适用一般课税，禾谷信用协同组合是对 3000 万韩元适用低比率课税。比较一下利率和税金优惠之后，再比较一下税后实收金额。

区分	友利银行		东部储蓄银行		禾谷信用协同组合
税前收益率	年 3.84%		年 4.50%		年 4.50%
储蓄金额	2000 万韩元	1000 万韩元	2000 万韩元	1000 万韩元	3000 万韩元
税金	15.4%	9.5%	15.4%	9.5%	1.4%
税后实收金额	30 997 248 韩元		31 168 650 韩元		31 331 100 韩元

从上表中我们可以看出，根据存入哪家金融公司，一年会产生最高 333 852 韩元的一笔不小的利息所得差异。并不是安全无风险就是最好的。储蓄银行和信用协同组合也像商业银行一样，对本金加利息在 5000 万韩元以下的提供存款人权益保护。

此外，还有一点是需要留意的。商业银行的利率普遍较低，比较安全，但是储蓄银行和信用协同组合是在扣除税金之后的利息所得，会根据加入时间的不同而大有不同。就如在前面提到的那样，一定要养成在加入整存整取或零存整取的时候，通过进行这种比较选择最有利的产品的习惯。

储蓄银行，安全有效的使用方法

有很多人因为从 2011 年下半年开始的储蓄银行的停止营业事件遭受了重大损失。就算是钱没有打水漂，内心也饱受煎熬，为了取回本金，就需要反复多次前往储蓄银行进行交涉。当时，我还举办了"Naver 知识 ing"活动，为储户解答有关储蓄银行停止营业的问题。就算是有储蓄保护，但是当你真正遇到这样的事情的时候，一直到拿回自己的钱之前都会非常不安，如果存款保险公司以及新闻中报道的内容与自己的情况不一致的话，就必须要为了寻找与自己相符的方法而四处进行咨询。

但是，并不是说因为这种情况很危险就要无条件进行回避，我们应该在了解了危险的情况下进行管理，为了提高收益而付出努力。

我们在前面已经对友利银行与东部储蓄银行的 1 年期定期储蓄的利息作了比较，利息所得的差异为 171 402 韩元。如果储蓄银行不发生什么差错的话，这绝对是一个不小的差距。如果我们能够对储蓄银行进行有效利用的话，在现在这样一个低息时代，是绝对可以增加一些收益的。所有的金融产品都是如此。如果只寻求稳定的话，在低息时代，不仅无法赚到钱，而且还会因为货币贬值而增加名目金额，从而降低购买力。

当然，不管利息多么高，在使用储蓄银行的时候一定要注意下面几点。

第一，前面提到的储蓄银行的稳定性指标 BIS 自有资本比率与信用比率比较差的话，就不能把钱委托给这样的银行。应该怀疑一下这样的银行比其他的银行给的利息高是不是有其他的原因。当储蓄到期之后准备继续存储的时候也应该重新确认一下稳定性指标，只有在指标比较好的时候才能够继续存储。由于储蓄银行的资产规模并不是很大，所以一旦出现问题，在 1 年的时间里指标就会发生很大的变化。经营公示可以在相关储蓄银行的网站或者是储蓄银行中央会的网站（www.fsb.co.kr）上进行确认。

第二，本金与利息合起来的总金额一定不能超过储户保护限度的 5000 万韩元。如果储蓄银行破产的话，拿回的钱几乎不可能超过 5000 万韩元。根据最近的新闻报道来看，在储蓄银行中的存款超过 5000 万韩元的人已经超过了 10 万人，这从常识上是根本无法理解的。因为 2011 年的停止营业，而最终被其他的金融公司收购的釜山储蓄银行和第一储蓄银行，在储蓄银行中都属于资产规模比较大的了。但是，其他的金融公司在收购停止营业的储蓄银行的时候，大部分金融公司都不会接受每个人 5000 万韩元以上的储蓄，结果，多余的那一部分钱几乎都是拿不回来的。

第三，那些到期之后就要立即取出来用的钱不要交给储蓄银行，如果真的想存入储蓄银行中的话，存款金额最好不要超过 2000 万韩元。一般情况下，如果储蓄银行被责令停止营业的话，那么储蓄银行在3~4天之内会支付给储户2000万韩元的暂付款，剩余的本金与利息会等到对储蓄银行的处理决定好了之后，再根据确定的标准返还给储户。大家一定要注意的一点就是，一般情况下，确定好解决方案之后，直到本金与利息拿到手为止需要3~6个月的漫长时间。

第四，根据被责令停止营业的储蓄银行的处理结果的不同，储户获取利息的方式也会有所不同。如果被责令停止营业之后45天之内经营正常化的话，就可以得到最初约定好的利息。就算是在最差的破产的情况下，储户也可以从储蓄保险公司获取年2.49%（2012年5月的标准）的利息。其他金融公司收购相关储蓄银行的时候，一般情况下收购的是每个人5000万韩元以下的本金，所以这个时候也是可以拿到最开始约定好的利息的。因此，如果本金与利息之和在5000万韩元以下的话，就算是电视上出现了自己存款的储蓄银行被责令停止营业的新闻报道，也不应该因为惊慌而着急去取钱。如果在中途解约的话，就只能按照年利率为1%左右的中途解约利率来计算利息了，那么肯定会遭受损失。

"复利"中也是存在陷阱的

一提到复利，就会让人产生一种错觉，认为会得到更多的利息，自己的钱就会源源不断地增加。最近的金融公司都盯着这个，拼了命地进行复利宣传营销。他们都在宣传说不管是3年到期还是5年到期，一旦加入了复利商品，钱就会像滚雪球一样越来越多。但是，实际上不管是 3 年到期还是 5 年到期的储蓄商品，就算是复利，钱也没有想象中增加得那么快。

2012 年 5 月，新韩银行的 3 年到期的月复利储蓄的利率是年 4.5%。如果每个月存 10 万韩元，连续存 3 年的话，就会拿到 360 万韩元的本金与去掉 15.4% 的税之后剩下的 220 679 韩元的利息。作为参考，如果是单利的话，同样的 4.5% 的利率，可以拿到的利息是 211 288 韩元。税后的利息差异只不过 9391 韩元而已。

东部储蓄银行的 3 年到期的定期储蓄的利率为年 5.3%。虽然是单利，但是拿到手的利息却有 248 851 韩元，要比新韩银行的月复利储蓄的利息多 28 172 韩元。如果是相同的利率的话，虽然复利产品的利息要比单利产品的利息多，但是如果是利率比较高的单利储蓄的话，拿到的利息肯定要比复利储蓄多。所以并不是说复利就一定更好。

新韩银行的月复利储蓄的加入期限是 3 年。虽然公告利率是 4.5% 的年利率，但是按照单利标准来计算的时候，其实是年 4.7% 的固定利率。如果在 3 年的时间里储蓄利率降低的话，月复利就可能更有利一些。但是，如果在 3 年的时间里储蓄利率升高的话，月复利就没有什么好处了。虽然现在经济危机的余波正在对利率进行人为地遏制，但是如果以后清除了影响利率的障碍的话，利率上升的可能性非常大。到那个时候，年利率为 4.5% 的月复利储蓄就没有什么优点可言了。如果看到利率上升而想要中途解约换成其他的产品的话，就无法拿到原来约定的利息，而只能按照0.1%~2%的中途解约利率来计算利息了。如果是刚加入的话可以解约，但是如果是已经加入1~2年的话，不管其他产品的利率怎么上涨，最好还是等到期满再换成其他产品更有利一些。

不管怎么说，如果仅仅是3年左右的时间的话，是不可能获得复利的好处的。如果想发挥"卖曼哈顿的印第安人的故事"中出现的复利效果的话，最少需要15~20年的长期储蓄，而且是把本金与利息全部投入储蓄的情况下。所以不要以为只要是复利产品就一定是好的，应该仔仔细细地将复利产品与单利产品作一下比较才行。

即使是死守本金的投资者也应该了解这些

1. 比起零存整取储蓄利息，一定要对整存整取储蓄利息敏感。在申请每个人1千万韩元的税收优惠待遇的时候，首先选择整存整取而不是零存整取。

2. 在选择整存整取或者是零存整取的时候，不要因为听到复利就被迷惑了。因为也有很多能够获得更多利息的单利产品。

3. 与其多收取0.1%的利率，不如先考虑一下节约税款。最好是养成对税后利息进行比较之后再进行选择的习惯。

到底是不是值得信赖的保险，必须要自己判断

"不加入保险就会觉得不安，而加入了保险又觉得像上当受骗了一样。"

"要是能够跟身边比较懂保险的人多交流交流就好了。"

每个月拿出一部分不会产生负担的钱，为可能需要一大笔钱的危险作准备就叫做保险。能够在财政方面为不知道什么时候就可能会遇到的不幸作准备的最合适的金融产品就是保障性保险。虽然是必须要加入的产品，但是了解得很清楚，且有效加入的人却不是很多。保险不仅内容复杂，而且特殊条款也在逐渐增多，人们一般很难区分必需的项目与可以没有的项目，大多数人都是按照保险规划师的劝说加入的。

以保险费代替保障内容作为决定加入保险的标准也是错误加入保险的理由之一

如果加入了错误的保险的话，不仅会浪费钱，而且更为重要的是当自己遭遇不幸的时候根本没有办法享受完善

的保障。虽然有关保险的信息非常多，甚至可以单独写一本书，但是对于现在刚刚开始进行理财的人来说，只要掌握了下面这六个原则就足够了。希望大家可以借此机会加入正确的合适的保险。

第一、虽然过分保障是个问题，但是没有保障或者是保障不足同样也是个问题

最大的问题是，因为加入的保险太多而浪费很多钱的情况，以及干脆不加入保险而使自己处于危险中的情况。由于加入保险的目的是为了那些可能会发生的危险作准备，而不是一定会发生的危险，所以只需要挑选必需的项目，花费最少的加入费用，然后用剩余的钱进行储蓄或者是投资那些收益比较高的金融产品，这样的做法是比较明智的。

以未婚者为例，如果不是一个家庭的家长的话，那么加入死亡保险几乎没有任何意义。只要加入包括以实损医疗费用为主的癌症等成人病和伤害等在内的基本保障就可以了。当健康真的出现问题的时候再加入保险就会被拒绝，或者是在保障内容上受到限制，所以一定要在健康的时候加入必要的保险。

以 100 岁满期，连续交 20 年的保险费用为标准的话，女性每个月交付 5 万 ~7 万韩元，男性每个月交付 7 万 ~9 万韩元就足够了（根据年龄或者是特殊条款的不同，保险费用会有所不同）。

如果现在经济状况不是很好的话，可以先只加入实损医疗保险，等到经济状况好转之后再加入其他必需的保险

就可以了。这种情况下每个月交付 2 万 ~3 万韩元的保险费是比较合适的。

如果结婚了，有了自己的家庭的话，就需要考虑死亡保险了。这个时候加入定期保险要比加入保险费比较昂贵的终身保险或者是 CI 保险能省下很多保险费用。如果一个 30 岁的男性等到子女都独立的 60 岁为止，想要得到 1 亿韩元的定期保险的话，每个月只需要投入 3 万韩元左右的保险费用就足够了。结了婚的夫妇如果利用损害保险公司的实损综合保险的话，还可以进一步减少保险费用。以后有了孩子的话，与其单独为孩子加入保险，不如用低廉的费用加入综合保险。

第二、如果保障期限比较短的话，立即更换

30 多岁的女性中，有一部分人加入了 10 年或者是 20 年到期的，也就是只进行 10 年或者是 20 年保障的癌症保险或者是健康保险。这种情况存在两个问题。其中之一就是认为已经加入癌症保险或者是健康保险了，就不需要其他的保险了，所以没有加入其他的保险，但是实际上却是如果患了其他的病的话，等到期满之后就不能加入保险了。

另外一种情况就是女性在 50 岁之后得癌症或者是其他成人病的概率要比 50 岁之前得病的概率高很多。但是，等到 50 岁保险期满之后，想要加入新的保险的时候，保险费用已经上涨了。因此，如果现在加入了期限比较短的保险的话，应该立即解约，然后对保障期限进行充分考虑之后再选择新的保险。

第三、没有必要把 80 岁到期的实损医疗保险换成 100 岁到期的保险

由于现在一直强调"100 岁时代"，所以加入了 80 岁到期的产品的人开始变得不安起来。保险公司推出 100 岁到期的产品，然后劝说那些加入了 80 岁到期的产品的人解约，再让他们重新加入 100 岁到期的产品。在这里我想说的是，其实根本就没有这个必要。

一般情况下，在实损保险中作为特别条款加入的癌症诊断费用为 2000 万韩元左右。假设 30 岁的女性加入保险之后，到了 80 岁的时候进行癌症诊断，而年平均物价上升率为 4% 左右的话，按照现在的货币来计算，在 50 年之后大约为 280 万韩元，70 年之后也只有 128 万韩元而已。所以说根本就没有必要进行更换。

而且，由于更新型实损医疗费用的特殊条款每 3 年就会更新一次，所以随着年龄的增加和危险率的上升，保险费用上涨的可能性非常大。也就是说，在某个时候"交的钱作为应对危险的保险金"已经没有什么意义了。说不定还需要放弃实损医疗费用的特殊条款呢。如果是加入的保险的保障构成出现差错，或者是因为更换之后更能够节省保险费用的话，还可以考虑一下，除此之外，根本就没有必要因为 50 年之后的危险把 80 岁到期的保险解约换成 100 岁到期的保险。但是，如果是要重新加入保险的话，还是直接选择 100 岁到期的保险吧。

第四、如果是可以按照非更新型加入的特殊条款，一定要以非更新型加入

现在的实损医疗费用不管是在生命保险公司加入还是在损害保险公司加入，保障的内容都是一样的，"3 年更新型"的条件也是一样的。除了这样的不得不加入更新型的特殊条款之外，一定要加入非更新的类型。保险公司有时候会为了规避风险而开发出更新型的保险来代替非更新型的保险。而且保险规划师中有很多人会为了让保险产品变成看起来保险费用低廉而且可以保障很多内容的魅力型产品，而特别规划一些以更新型特殊条款为主的保险，然后劝说大家加入。

虽然一开始加入保险的时候主导权掌握在自己手中，但是等到更新的时候主导权就被保险公司掌握了。如果到了更新的时候保险费用出现大幅度上涨的话，我们能够做的选择只有两个。要么忍受负担，要么解约。如果健康上没有任何问题，而且还可以加入其他保险的话，完全可以进行更换，但是如果在这段时间里出现了健康问题而无法加入其他保险的话，就只能勒紧裤腰带支付昂贵的保险费用把保险维持下去了。虽然一开始的时候涨幅比较小，但是随着反复更新，可能会上涨到难以承担的程度。

第五、如果迷恋退保金额的话，将会付出惨重的代价

保障型保险不是储蓄而是费用。能够得到多少退保金额并不是重点考虑因素，而且退保金额的价值会因为物价上升带来的货币贬值而降低。保险规划师所说的年轻的时

候得到保障，年纪大了的时候可以转换成年金作为养老资金，其实那只不过是保险规划师为了销售保障性保险而准备的促销标语而已。转换成年金就代表着保险解约，也就意味着再也无法接受保障了，而且在交款期间交的保险费用的本金对于养老资金来说只不过是杯水车薪而已。

在加入保障性保险的时候，想象成加入汽车保险就可以了。在加入汽车保险的时候，即使每年交了100万韩元的保险费用，但是如果没有出任何事情的话，那些钱也是收不回来的。如果加入汽车保险的人想要拿回退保金额的话，保险公司只需要每年收取200万韩元的保险费，然后1年之后归还100万韩元就可以了。保险中的退保金就是这样来的。所以没有必要因为迷恋退保金而交昂贵的保险费用，还不如把差额投资到收益比较高的产品中呢。

第六、不要单独加入癌症保险，在实损医疗保险中作为特殊条款加入即可

保障性保险中包括了一定的项目成本。虽然加入了很多份保险，但是如果与加入一份保险的保障内容相似的话，加入多份保险的情况下每个月支出的保险费用更昂贵。由于实损医疗保险中也有关于癌症的特殊条款，所以不要再单独加入癌症保险，只要对这些特殊条款进行有效利用就可以了，如此一来就可以缩减保险费用了。

大家好像都对癌症治疗费用有着过度的担心，如果加入了国民健康保险的话，治疗费用其实并没有想象中那么多。在60岁以前患癌症的概率比较低，而且就算是住院接

受治疗，在实损医疗保险中已经作出了说明，自己只需要支付200万韩元，5000万韩元之内的治疗费用都是可以得到保障的（虽然实际上并不是交200万韩元，但是，可以理解成最开始的2000万韩元的10%是不属于实损医疗保险金的就可以了），所以没有必要对癌症治疗费用过度担心。

就算是因为患了癌症而没有所得或者是出现其他的附带费用，也可以得到2000万韩元的癌症诊断费用，这些就足够了。如果想得到更多的癌症诊断费用的话，就需要交付更多的保险金，这样的保险的回报率其实并不高。过去的时候，由于生命保险公司的保险产品中没有规定实损医疗费用的特殊条款，所以癌症诊断费用被定得很高，以此来解决治疗费用与附带费用。但是，现在可以通过实损医疗费用保障来解决大部分的治疗费用，所以根本就没有必要为了应对可能会发生的危险而为加入的保险投入太多的钱。

阻止因为保险而浪费钱的方法

1.以情侣或者是夫妇为标准，如果每个月的保障性保险费用超过16万韩元的话，就应该立即进行更换。

2.保险并不是为了一定会发生的危险作准备，而是为了可能会发生的危险作准备。所以用比较低的保险费用接受必要的保障才是最佳选择。

3.在选择更新型保险之前，优先选择非更新型特殊条款，与其选择返还型保险，不如选择灭失型保险，这样才不会浪费钱。

加入年金储蓄不是职场工作人员所必需的吗
你可能不是年金储蓄的目标顾客

"既可以为年老之后的生活作准备，又可以得到所得额扣除的优惠，难道不是一石两鸟吗?"

"年金储蓄难道不是理财的基本吗? 当然要加入了。"

对于职场工作人员来说，年底清算时间是仅次于休假的让人激动不已的时间。"13个月的工资"可以拿到多少、应该怎么花，光是想一想就让人觉得很高兴。然而，有时候别说收回税金了，甚至可能会被追缴税金。人们一旦有过这样的经历，就开始关心起年金储蓄来。如果这个时候听到了找到公司来的银行职员或者是保险规划师的说明产品的话，不自觉地就会多加留意他们所说的话。于是人们就会把年金储蓄看成通过年底清算得到很多返还的税金，而且还可以提前为晚年生活作准备的"一石两鸟"的必需产品。

但是，年金储蓄与其他的金融商品一样，必须要对其内容进行仔细研究才行。尤其是年薪不到一定的水平，或者是遭遇意想不到的休职、被公司解雇等情况，这个时候年金储蓄就会变成让人连所得额扣除的优惠都得不到的令人十分心烦的家伙。就算是想中途解约，也会因为严重的处罚而无可奈何地把保险继续维持下去。所以不要为了得到所得额扣除的优惠而盲目加入年金储蓄，一定要仔细地考察一下其是不是适合自己的产品。

每个金融公司销售的年金储蓄的优缺点都会稍微有些不同，保险公司销售的是年金储蓄保险，银行销售的是年金储蓄信托，证券公司销售的则是年金储蓄基金。不管选择哪一种商品，对年金储蓄来说"交纳 10 年以上，55 岁以后支付年金"都是基本。虽然每年的交纳金额在 400 万韩元的限度之内才可以得到所得额扣除的优惠，但是收取年金的时候需要缴 5.5% 的年金所得税。而且，在收取年金的时候，如果个人年金或者是国民年金等公共年金，再加上金融所得以及其他所得，每年超过 600 万韩元的话，就成为了综合所得税的纳税对象，如果其他所得很多的话，税率就会高于 5.5%。

与此相反，如果中途解约的话，就需要除去解约资金的 22% 作为其他所得税，如果是在 5 年之内解约的话，还需要再追加 2.2%，一共 24.2%，所以可以说这是一种惩罚非常严重的产品。加入每个月交 30 万韩元的年金储蓄保险，连续交 6 年，一共为 2160 万韩元，当中途解约的时候，即使退保金额为 2000 万韩元，因为还要除去 2000 万韩元的 22%，所以真正能够拿到手的钱只有 1560 万韩元而已。

不同的产品也存在一定的差异。保险公司的年金储蓄

与不懂理财的人结婚，你就自己累到死

保险如果不连续 10 年在限定的日期里交款的话，中途就会变成失效状态。而且，由于使用的是公示利率，所以在收取年金的时候，可能会因为无法阻止物价上升而引起的货币贬值，从而使年金变得像买口香糖的钱一样不值钱了。虽然年金储蓄信托在交款方面很自由，但是收益率却比较低，所以在收取年金的时候可能会因为通货膨胀而变得一文不值。年金储蓄基金的交款也很自由，但是，随着时间的推移，手续费的负担就会越来越重，随着股票市场以及债券市场情况的变化，有可能会陷入损失本金的危险中。但是，如果能够很好地进行基金管理，得到收益的话，在获取年金的时候就可以应对物价上升率了。

如果年薪不高或者是女性的话，在加入的时候一定要慎重

如果年薪不高的话，通过年底清算得到的所得税扣除的返还款就比较少。假设税前年薪为 2500 万韩元，可以拿到包括工作所得扣除额与个人免税额在内的基本扣除额（信用卡、保障性保险扣除额等）的话，每个月上交 20 万韩元，一年上交 240 万韩元的时候，需要缴纳的税金就是 191 040 韩元。当没有加入年金储蓄的时候，要缴的税金是 279 890 韩元，也就是说一年的差异不过 88 850 韩元（年利率以 3.70% 为标准）而已。而且，随着扣除项目越来越多，税金之间的差异就会越来越小。为了得到这种程度的所得扣除优惠而盲目地加入年金储蓄并不是一个明智的选择。

与此相反，如果年薪比较高的话，就应该积极地利用年金储蓄的所得额扣除项目的优惠。不一定非得是年金，仅仅凭借所得额扣除优惠就可以充分提高收益。这个时候也不要盲目地凑够年金所得扣除额的每年400万韩元的限度，而是应该仔仔细细地对年金储蓄产品的优缺点进行比较研究之后，选择分阶段增加交纳金的方法比较好。如果想了解一下自己的年金情况下不同的年金储蓄产品的所得额扣除优惠的话，就可以去国税厅的网站，在"年底清算自动计算"栏里输入所得与扣除细目等就可以了解相关内容了。

在这里需要特别指出的是，女性在加入年金储蓄保险的时候一定要慎重。结婚之后，可能会因为生育问题而休职几个月，或者是1~2年。有的女性还有可能会在孩子长大之前一直做家庭主妇。在这段时间里，收入就会减少或者是完全没有收入，所以就不可能得到所得额扣除优惠。但是如果有的女性加入了年金储蓄保险的话，由于交款并不自由，所以即使无法得到所得额扣除优惠，每个月也必须要上交一定的保险费。如果两个月左右无法交款的话，年金保险储蓄就会失效，要想重新恢复就需要交很大一笔钱，这无疑是一项很大的负担。

如果年薪很高，想要加入年金储蓄产品中获取所得额扣除优惠的话，最好是选择交款比较自由的证券公司的年金储蓄基金。因为可以随时调整交款金额，所以在休职的时候或者是离职的时候可以中断交款，而且还可以通过转换基金提高收益率。例如韩国投资证券的转换型年金储蓄基金，如果加入了政府公债型、债券型、股票混合型、股票型以及海外股票型的话，在营业点转换，或者是在网上申请的话，可以非常自由地把债券型转换为股票型，也可以把股票型转换为债券型。还可以在加入的时候直接分为债券型与股票型。如果每个月交20万韩元的话，可以在债券型基金中投入10万韩元，在股票型基金中投入10万韩元，这样分别加入两个年金储蓄基金就可以了。偶尔也会有一些人因为本金损失而犹豫要不要加入年金储蓄基金，这个时候加入政府公债型或者是债券型就可以了。

不要解约，灵活使用"金融公司间的移动"制度

如果加入了年金储蓄保险也没有多少所得额扣除优惠，或者是遇到休职、离职的情况的话，就可以利用一下"金融公司间的移动"制度。在推出年金储蓄保险的时候也不需要缴其他的解约追缴税或者是其他所得税。以现在的解约退还款为标准，移动到年金储蓄基金中。反正按照现在的公示利率来计算的话，投入到年金储蓄保险中的钱需要在加入5~6年之后才能够变成交纳本金，在转移到年金储蓄基金的过程中产生的损失在几年之后就可以挽回。

首先去证券公司开设一个年金储蓄基金，然后拿着存折去自己所加入的年金储蓄保险的保险公司的顾客中心，再申请进行金融公司间的移动就可以了。如果在进行金融公司间的移动的时候股价比较高的话，可以分别开设一个债券型基金与一个股票型基金，把大钱投入债券型基金中，不要再继续交钱，当所得增加，有必要获取所得额扣除的时候再使用股票型基金。反之，如果是股价比较低的时期

的话，可以只开设一个股票型基金。

　　不进行金融公司间的移动，而是根据新的规则加入年金储蓄基金的时候，可以不管股价的高低而只开设一个股票型基金，之后再根据股价的变动，利用"基金间的转换"制度来提高收益率就可以了。金融公司间的移动并不仅仅适用于年金储蓄保险移动到年金储蓄基金的情况，在年金储蓄产品之间都是适用的。

有效利用年金储蓄产品

　　1.在国税厅"年底清算自动计算"栏确认过所得额扣除项目之后，再决定是否要加入年金储蓄，以及加入的金额。如果无法获得所得额扣除优惠的话，就没有必要加入带有很大的处罚性的年金储蓄产品。

　　2.如果中途解约的话，5 年之内需要扣除解约退还金的24.2%，5 年之后扣除 22%。一定要谨记，即使没有办法拿回跟本金一样多的解约退还金，也必须要缴纳处罚金。

　　3.因为在 55 岁之后才能够得到年金，所以可以选择收取国民年金的直到 65 岁的"10 年支付型"，用作桥梁年金。

　　　　　　与不懂理财的人结婚，你就自己累到死

结婚资金不足，是不是应该解除变额年金啊

宁可选择缩减结婚费用，也不要解除变额年金

"保险公司的职员说，如果想一辈子作为独居老处女生活的话就加入变额年金。"

"听说可以中途提取？所以就算是有些困难也一定要加入。"

在问题很多的金融产品中就包括了变额年金。但是，如果是为了养老作准备的话，那么从现在的情况来看没有比变额年金更好的选择了。一定要明确的一点就是，变额年金是为了养老作准备的年金，而不是交几年钱而获取大钱的产品。如果目的不是为了养老作准备的话，最好不要加入变额年金产品。

对于25~35岁的年轻人来说，变额年金就是一块"烫手的山芋"。如果是在结婚之前，就会因为准备结婚资金而毫不关心它；如果考虑到时间与收益率的竞争的话，应该尽早为养老作准备，加入变额年金，这样才能够在以后减轻一些负担。

另一方面，如果很早就了解了关于养老资金的问题而加入了变额年金的话，就会因为不清楚产品的特点而把工

资中原本可以用于储蓄的 50%的钱都投入了其中。如果完全不考虑产品的特点，只凭满腔的热情的话，到了结婚的时候很可能需要中途提取或者是本金受损之后直接解约。

如果你是未婚男女的话，把结婚资金或者是其他的目标作为自己优先准备的事情，只需要像为某个部分缴税一样为养老资金作准备就可以了。如果从现在开始觉得有必要为养老资金的准备做投资的话，能够对变额年金充分理解、灵活使用就足够了。

28 岁的你必须要准备年金的理由

我在前面已经说过了，养老准备就是时间与收益率的斗争。观察一下下面的表格，就可以理解那些看似与养老准备没有很大关系的 28 岁职场工作人员，现在就应该立即利用变额年金产品开始养老准备的理由了。

区分	20 岁	30 岁	40 岁
交款时间	20 年	20 年	20 年
年金交纳额	20 万韩元	20 万韩元	20 万韩元
预期收益率	年 4%	年 4%	年 4%
预期收益率	年 8%	年 8%	年 8%
65 岁月年金额(4%)	54 万韩元	42 万韩元	32 万韩元
65 岁月年金额(8%)	218 万韩元	114 万韩元	60 万韩元

1. 千韩元单位四舍五入。

2. 如果把保险公司加入设计书中的示例标准的投资收益率换算成纯

与不懂理财的人结婚，你就自己累到死

收益率的话，期望收益率年 4%的纯收益率为年 2.8%，期望收益率年 8%
的纯收益率为 6.8%。

　　这是一份把 20 岁、30 岁、40 岁的女性加入了每个月
上交 20 万韩元的变额年金保险，从 65 岁开始一直到死亡
为止，每个月都会收到的年金金额，在期望收益率为年 4%
与年 8%的情况作对比的表格。虽然需要交款的期限同样都
是 20 年，但是结束交款之后，一直到能够收取年金的 65
岁之前，剩余的时间分别是 25 年、15 年、5 年。钱增值的
时间导致了年金金额的差异。假设收益率为年 8%的时候，
即使上交相同的 20 万韩元，如果在 20 岁的时候加入的话，
那么到 65 岁的时候就是月 218 万韩元。30 岁的时候加入的
话就是月 114 万韩元，40 岁的时候加入的话就是月 60 万韩
元。10 年的差异导致每个月获得的年金金额出现了将近两
倍的差异。如果是 20 岁的时候加入的话，收益率为年 4%
的时候与收益率为年 8%的时候两者相差大约四倍，30 岁的
时候加入的话两者之间相差三倍左右，到了 40 岁的时候加
入的话两者之间相差大约两倍。
　　这个表格告诉我们的是，应该尽可能早地为养老作准
备，就算是存在一定的危险，也应该选择投资产品，才会
在比较小的负担下拿到年金。即使现在不需要那么着急为
养老作准备，但是如果像缴税一样准备的话，就会与时间
结合起来变成有意义的养老准备。假设需要交 20 年的钱，
还是尽早交完 20 年对自己比较有利。

让我们假设银行按照 3% 的年利率为存了 1000 万韩元的人支付利息，然后把这 1000 万韩元贷款给别人，按照 5% 的年利率收取利息。那么，这一年 2% 的贷款利润到底是不是营业费呢？事实上是没有人把贷款利润看作营业费。

保险公司也是如此。保险产品的营业费有必要从长期产品的观点上进行理解。如果一位 30 岁的女性加入了变额保险，到了 90 岁才去世的话，那么保险公司就需要对这位女性的这份保险管理 60 年。这其中的基本管理费用要比银行的存款多很多。

当在相同的条件下加入投资型年金——变额年金以及定期零存整取式的年金——公示利率年金（使用的是银行的定期零存整取的利率）的时候，对这两种年金的加入设计书作一下比较就会发现，公示利率年金的 7 年之内签约的费用和合约管理费用为 12.12%，变额年金为 11.84%。不为此感到很震惊吗？之后的营业费用也是公示利率年金更高一些。虽然以前的时候很多人一直以为只有变额年金的营业费用比较高，但是现在才发现实际上是公示利率年金的营业费用更高。并不是因为是变额年金所以营业费更多，而是因为保险是长期产品，所以营业费才更多。

但是，因为只有变额年金的营业费成了问题，所以加入年金的人就会受到双重的损害。不仅加入了营业费负担更重的产品，而且在收取年金的时候很有可能会拿到很少的一部分。很多保险规划师为了能够更好地销售自己手中的产品，积极地劝说那些想要加入年金的顾客选择公示利率年金或者是免税储蓄保险，消费者也认为那样的产品的营业费不会成为问题，所以在他们的劝说下就会很轻易地加入。严重的时候甚至会把变额年金取消，然后换成公示利率年金。虽然这种情况下会随着变额年金的投资收益率的不同而有所不同，但是，假设期望收益率为8%（纯收益率为6.8%）的话，就像在前面的表格中看到的一样，以30岁的女性为标准，到了65岁的时候只能够拿到年金的1/3而已。

所以，在加入保险的时候，消费者只能自己充分利用产品的优缺点，尽可能地多保障一些自己的利益。例如，考虑一下追交钱款的，加入变额年金的话，不仅可以节省费用，而且还可以提高收益率。变额年金除去有关死亡保障的危险保险费用以及基金运作费用等花费，7年之内的营业费是月保险费用的11.84%，与此相反，追交保险费用的营业费是保险费用的2.5%。追交钱款可以达到基本合约保险费用的200%。如果基本合约是20万韩元的话，可能追缴40万韩元。把基本合约为60万韩元与基本合约为20万韩元，然后追交40万韩元的情况作一下对比就会发现，虽然前者是从60万韩元中去掉了71 040韩元的营业费用之后进行投资的，但是后者却只去掉了33 680韩元。很显然后者的收益率更高一些。

以30岁的女性作为标准来看的话，到了65岁按照现在价值来计算，如果每个月想获得100万韩元（65岁的未来价值为每个月281万韩元，假设物价的年平均上升率为3%）的话，就需要每个月交纳49万韩元，而且要连续交

20 年。这种情况，如果把总金额的 1/3，也就是 17 万韩元作为基本合约加入，把剩下的 32 万韩元利用追缴制度的话，可以降低营业费，提高变额年金的收益率。这就是利用商品的缺点，把优点最大化的方法。

那么，哪一家公司的商品比较好呢

变额年金是为养老作准备的产品，在现在这样一个低息时代里，应该选择那些可以防止货币价值随着物价上升而贬值的股票或者是债券等产品进行投资，这些都是可以提高收益率，能够拿到更多年金的方法。对于未婚男女来说，近期要用钱的事情比较多，不可能为养老投入太多的钱，所以可以投资一定的金额，尽可能地提高"投入对比产出"。

如果不中断地把交款时间维持下去的话，经过一定时间之后，直到去世之前，就可以像领取工资一样，每个月都可以获得一定的年金，这也是非常大的一个优点。就目前的情况来看，能够到去世之前一直支付年金的产品只有生命保险，所以选择生命保险公司还是比较明智的。但是，由于这是一旦加入就必须要进行 60~70 年的管理的长期产品，所以一定要选择优秀的公司加入。而且，在听相关人员作产品说明的时候，如果是很难理解的产品的话，最好还是避开。

而且还要考虑营业费和收益率。即使营业费比其他的产品低，但是如果没有经营好的话，还是会遭受长期的损失。不要无条件地选择营业费低廉的产品，或者是只考虑高收益率，应该同时考虑营业费和收益率，然后再作出合适的选择。

当然，还要考虑事后管理。银行保险产品的营业费可能比其他的产品稍微低廉一些，但是在事后管理方面比较薄弱。由于是对基金进行投资的产品，所以中间可能会出现必须要变更基金的情况，这就要求大家必须要选择专业性的销售人员，进行持续性的事后管理。

还有一点需要注意。那些总是劝顾客更换加入的商品的销售人员，向顾客推荐的产品很有可能是能够提高他们的业绩的产品，而不是对顾客有利的产品。

想要对无数公司的众多产品进行比较，之后再进行选择从现实情况来看是不可能的。只要制作一个比较清单，并能够持续下去就完全可以轻松地选择比较好的产品。

变额年金（VA）与变额万能保险（VUL），有什么不同呢

虽然两者都是变额保险，区分起来有些困难，但是如果是为了养老作准备的话，最好是选择变额年金，如果是想作为 15 年以上的长期目的资金的话，最好是选择变额万能保险。

保险产品一般是每 3 年就会对平均寿命进行预测，然后对产品的保险费率和年金金额进行调整。虽然变额年金是在加入的时候按照经验生命表来确认年金额的，但是大部分的变额万能保险则是采用向年金转换的时候的经验生命表。这段时间以来，每 3 年对经验生命表进行更改的时候，平均寿命就会增加，而年金金额就会减少，如果以后

平均寿命继续增加的话，相同的事情将会反复出现。如果保险公司收到的是相同的保险费用，就会按照平均寿命比较短的时期作为标准，就会对加入的保险支付较多的年金。因此，如果是想为养老作准备的话，只有选择变额年金，才能够在交相同的保险费用的时候获得更多的年金。

最后，在加入变额年金和变额万能保险的时候，有一点必须要注意。不管变额保险的收益率多么高，在两年之内是不可能出现比本金更高的收益的。只有在 5 年之后，才能够取回必须要解约的本金。而且，虽然有免税的福利效果，但是至少需要投资 15 年以上才能够见效。变额年金的中途提取只不过是一项便捷功能而已，绝对不能利用这一点而随便把钱取出来。如果可以的话，尽量不要在中途提取年金。有一些销售人员把这项功能说得就像魔法棒一样神奇，以此来迷惑消费者，如果你已经觉得这项功能非常具有吸引力的话，最好还是不要加入变额年金了。

此外，还有一点也是需要注意的，交的保险费用必须要从连续交 20 年没有任何问题的金额开始。如果随着收入的增加，想要为养老投入更多的话，只要灵活应用追缴功能就可以了。如果一开始仅仅凭借热情盲目地加入了，而到了中途又想解约的话，遭受损失最严重的产品就是保险，这一点一定要牢记。

与不懂理财的人结婚，你就自己累到死

为了对变额年金进行 120% 的利用而必须要记住的三条原则

1.这并不是为了筹集大钱作准备的商品，而是为了养老作准备的商品，这一点一定要铭记于心。绝对不能盲目地制定交款金额。绝对不要想着中途解约把钱提取出来使用。

2.如果想提高变额年金的收益率的话，一定要利用追缴功能。

3.一定要把变额年金的中途提取功能忽略掉。如果因为结婚自己的资金不足而想进行中途提取的话，还不如直接缩减结婚资金。

请约存折，不是应该必须要办理的吗

用请约存折准备房子的时代已经过去了

"我妈妈跟我说进入公司上班之后一定要先办理请约存折啊。"

"如果没有的话，看上去就像一个没有能力的男人一样啊。"

有了工作之后，如果已经开始领取工资的话，最先加入的金融产品就是请约存折。在韩国，请约存折是那些梦想着有自己的房子的人所必须要有的存折。但是，在房地产模式发生改变的现在，它的意义正在慢慢消失。

在过去的时候，由于按揭价格是周围市税的80%左右，所以只要被选中请约的话，不仅会因为市税差异而赚到钱，而且还可以拥有自己的房子，所以请约存折完全是一个一石二鸟的存折。由于房价不断上升，所以可以说它是理财的一个必需项目。就算是不去被选中的公寓里居住，只要把按揭权卖掉，也可以拿到钱的。只要交上合约金，其他的钱只要贷款就可以了，在公寓建设期间，由于房价上涨，所以偿还贷款之后还会有剩余。虽然很难被选中，但是一

与不懂理财的人结婚，你就自己累到死

且选中了条件非常好的公寓的话，即使不至于像中了彩票一样，但是也完全是"了不起"的一件大事。所以有时候人们也会把请约存折变成家庭的守护林。

但是，现在的情况发生了变化。没有按揭的公寓有很多，而且就算是被选中，按揭价格比周围的市税更高。由于并不是按揭价格跟随市税变化，而是市税跟随按揭价格变化，所以根本就无法得到差异额带来的收益。别说按揭权能够带来余额了，甚至会出现负额，就算是想卖掉也卖不掉，而只能无可奈何地支付贷款利息。在没有足够的资金的情况下，想要通过出售按揭权来赚钱，如果按揭权卖不出去的话，那就只能是变成身无分文的乞丐了。

仅仅从请约存折来看，现在的请约第一顺位已经将近1000万名了。即使现在位于第一顺位，能够选中条件比较好的公寓的几率也是非常低的。而且，就算是被选中，也很难期待着能够获得像过去那样的利润了。再加上，从现在的情况来看，房地产价格也不像以前那样无条件地上升的可能性非常大。看一看房地产黯淡的未来，在没有请约存折的情况下认真地攒钱，肯定会遇到能够买到很好的条件的公寓的机会。

现在是即使没有请约存折也可以买到房子的时代

从现在的住宅价格来看的话，大部分的年轻人就业之后，在十年之内不能请约的可能性非常大，所以没有必要把钱存在利息比较低的请约存折里。如果想用请约存折里的钱的话，只有进行请约，或者是解除存折，又或者是用存款担保贷款，只有这三种方法。如果解除存折的话，所有的资格都会消失。

现在最好不要再把请约存折看作是一种理财手段了，把它看成是能够申请像安乐窝住宅（Bogumjari 住宅）或者是国民租赁住宅一样能够减少实际居住费用的住宅的一种手段就可以了。由于不知道未来住宅的请约或者是申请条件会发生什么样的变化，所以最好是有一张请约存折，但是如果结婚之后拥有一张以上的请约存折的话，最好是考虑一下自己想要的住宅，然后只留下必需的就可以了，再把剩余的用作其他的目标。

申请安乐窝住宅、国民租赁住宅或者是想要请约一般住宅的话，就需要有请约存折。加入请约存折之后，如果24 个月以上没有停滞，连续交款的话，立即就可以成为请约第一顺位。如果交款只维持了 6 个月的话就是第二顺位。最初每个月的最低交款金额最好是 2 万韩元，等到没有负担贷款，请约计划比较具体的时候再增加储蓄额就可以了。当同一顺位的请约人比较多的时候，除了无住宅期限之外，储蓄总额和交款次数也会成为决定是否当选的标准。

在过去，请约存折只有请约储蓄、请约赋金、请约预金这三种。但是 2009 年 5 月又出现了一种叫作"万能存折"的住宅请约综合储蓄。

如果拥有住宅请约综合储蓄存折的话，在请约的时候就可以选择想要的住宅的大小等，但是如果只有请约储蓄、请约赋金、请约预金这三种存折的话，能够请约的房子的规模以及周围的公共设施或者是民营住宅等，在加入的同时就已经决定好了。如果希望的住宅的类型与请约存折不符合的话，在真正请约的时候就麻烦了。所以有必要对内容进行确认之后对用途进行适当地调整。如果拥有的是请约存款存折的话，是没有资格申请安乐窝住宅的。在这种情况下最好是解除请约存款存折，然后加入新的住宅请约综合储蓄存折。

作为参考，请约储蓄与请约赋金可以转换成请约预金来使用。如果期望的房子比较大的话，只要增加请约预金的加入金额就可以了。但是，如果进行了存折转换的话，就不能恢复到原来的存折了，如果想用新的存折进行请约的话，需要从转换的时候算起一年之后才可以请约，所以转换存折也是需要进行慎重考虑才能决定的。

如果是未婚男女的话，会因为加入请约存折而出现很多苦恼，男性可以加入请约储蓄，连续 24 个月每个月最低交款金额 2 万韩元，然后变成请约第一顺位。但是，女性就没有必要非得加入请约存折。反正结婚之后，如果将两个人的请约存折合起来的话，其中有一个就需要作废变成无用之物。一般情况下，男性做户主的情况比较多，所以大部分人都是选择把女性的请约存折解除。而且，请约存折是男性进入公司之后最先加入的金融产品之一，有时候在他们上班之前父母就已经为他们加入了，所以女性还不如用这些钱进行储蓄或者是投资基金，这样更有效率。如果结婚的对象没有请约存折的话，那个时候再加入也不迟。

如果即将结婚的话，首先确认一下自己的对象有没有请约存折，有的话只留下有用的存折即可，然后把剩下的资金补贴在不充足的结婚费用中比较好。就算结婚之后的户主是男方，如果女方保有的存折比较有利的话，则可以把名义变更为丈夫来使用。反之亦然。

如果是无住宅户主的话，请约储蓄或者是住宅请约综合储蓄的交款金额的40%，最高限为48万韩元，可以算为所得额扣除的优惠，所以在年底清算的时候一定要仔细关注一下。

免除 house poor 的请约存折使用方法

1.如果进行无法负担的贷款来买房子的话，那么将会把自己的一生都典当给房子。house poor 并不是只会发生在别人身上的故事。

2.在买房子的时候绝对不能只考虑利息进行贷款。宽限期结束之后，必须要同时偿还本金与利息。一定要在能够偿还本金与利息的范围内贷款。

3.一定要确认自己想要住的房子和自己拥有的请约存折。如果想要申请安乐窝住宅的人拥有的是请约付金存折的话，是没有请约资格的。

　与不懂理财的人结婚，你就自己累到死

到底哪一种基金比较好呢，
向窗口职员询问一下就可以了吗

只要了解三项内容的话，最好的投资产品就是基金

"因为害怕继续降低，所以中途解约了。"

"投资股票应该要比基金好吧。"

在第五章里，我们已经对不要仅仅纠结在整存整取、零存整取上，而应该对基金定投带着一定的关心的理由进行了详细说明。下面就让我们来了解一下在进行基金定投的时候能够获取更多收益的方法吧。对于那些现在刚刚开始进行基金定投的人来说，这将会成为最重要的原则，而对于那些在基金投资中失败过的人来说，其也将会成为他们不败的战略。

就像银行中有整存整取与零存整取一样，基金也包括一次性投资（整存整取）与定投（零存整取）。只不过基金不像整存整取与零存整取一样把商品进行区分，而是根据投资方式分为一次性投资与定投。韩国投资证券有一种叫作"韩国的力量"的国内股票型基金，如果每个月在固定的日期交一定的金额的话，就是定期定额投资，如果一次

性投资很大一笔钱的话就叫作一次性投资。不管是先进行了定期定额投资还是一次性投资，如果有了大钱的话，是可以随意再增加一部分钱的，这就叫作任意式投资。即使是同样的基金，也可以按照自己的想法决定投资的方式。

定投与一次性投资哪一个更好呢

虽然定投可以在不考虑现在股价的情况下开始，但是一次性投资则要慎重地决定投资的时机。对于投资初级者来说，如果没有判断出现的股价非常低的话，最好还是不要进行一次性投资。

2011年5月9日，综合股价指数是2139.17。我们假设在这一天把1200万韩元按照一次性投资的方式进行了投资，随着综合股价指数的变化而获得了收益。如果想获得收益的话，指数必须要维持在2139.17之上。如果一年之后指数变成2139.17的话，收益率并不是0%，如果把手续费和报酬考虑在内的话，应该是会出现 –3%~–2%的损失。

一年期间的综合股价指数的升降并不重要。重要的是赎回的时候的指数，只有赎回时的指数比投资的时候高，才能够获得收益。如果想要在去除手续费与报酬之后还能够提高10%的收益的话，指数最少要大于2353.08才行。

2012年5月9日的综合股价指数就像右边的表格中显示的一样，是1950.29。如果在2011年5月9日按照一次性投资的方式进行了投资，一年之后赎回的话，就算是不考虑手续费与报酬，也会出现大约 –8.82%的损失。所以说一次性投资并不简单。

　　　　　与不懂理财的人结婚，你就自己累到死

人们之所以进行定投式投资，就是因为在投资期间谁都不知道股价是上升还是持平，又或者是下降了。这种投资方式与股价的升降没有关系，按照定期定额的方式进行投资，只是把平均买入价降低之后销售来提高收益的一种投资方法。

　　下面让我们来看一下表格。如果从2011年5月9日开始，每个月的固定的日期里都会按照定投的方式投资100万韩元的话，那么一年的时间里就确保了共6190.30座数，如果在同一天按照一次性投资的方式投资了1200万韩元的话，就确保了5609.65座数。由于一年间的综合股价指数是呈V字形，所以定投式投资才会确保更多的座数。因为当股价下跌的时候可以用更便宜的价格购入。虽然一年之后一次性投资的收益率为 −8.82%，但是定投式的收益率却是 +0.6%。

　　如果是选择了一次性投资的话，必须要高于2011年5月9日的综合股价指数才行，但是如果是定投式投资的话，当指数变成1938.5的时候就会得到本金，当指数变成2132.36的时候，就会得到10%的收益。虽然指数出现反向移动的时候会有所变化，但是在3~5年的时间里进行投资，并追求相同的投资效果，就可以把这样的方式理解成定期定额式投资方法。

日起	综合股价指数	1200万韩元一次性投资(座)	每月100万韩元定期投资(座)
2011.5.9	2139.17	5609.65	467.47
2011.6.9	2071.42		482.76
2011.7.9	2129.64		469.56
2011.8.9	1801.35		555.13
2011.9.9	1812.93		551.59
2011.10.9	1766.44		566.11
2011.11.9	1907.53		524.23
2011.12.9	1874.75		533.40
2012.1.9	1826.49		547.49
2012.2.9	2014.62		496.37
2012.3.9	2018.30		495.46
2012.4.9	1997.08		500.73
累计		5609.65座	6190.30座
2012.5.9	1950.29	10 940 444韩元	12 072 880韩元
收益率		-8.82%	+0.60%

1. 基金是不用股价综合指数来表示座（基金的交易单位）的。虽然使用标准价格来表示，但是为了帮助大家理解本书中把综合股价指数作为标准来表示。

2. 没有考虑基金的手续费和报酬。

3. 韩国国内股票型基金一般情况下手续费与报酬的合计为年2%~3%。

定投式投资之所以会失败，大部分都是像2008年一

与不懂理财的人结婚，你就自己累到死

样，当股价上升的时候人们非常高兴地大量购入，然后根据情况进行追缴；但是一旦股价下跌就中断追缴。如果在遵守原则的情况下进行投资的话，一定能够成功的方法就是选择定期定额式投资。

有时候人们会把定期定额式基金与银行的零存整取相混淆。如果加入了三年到期的零存整取的话，那么在三年的时间里，每个月都会交纳一定的金额，到期之后把钱取出来。但是定期定额式基金却没有期限，只要加入的基金没有被废止，那么满期将会一直延长下去。不用每个月都交钱。如果这个月的钱不富裕的话，可以直接跳过去。如果在确定好的日期里因为没有余额而无法自动汇款的话，只要在下一个月里把钱汇入基金账户中，它也可以自动接收。而且不一定要进行一次性赎回，完全可以分几次进行赎回。如果并不是急需用钱或者是觉得可能还会上涨，卖掉有些可惜的话，可以先卖掉一半以确保收益，然后把剩下的一部分继续放着，等到指数上涨的时候再卖出，如果指数下降的话，则可以继续保留。

如果不确定目标收益率的话，最好不要投资

大家都说股票或者是定期定额式基金如果进行长期投资的话就会成功。但是，当你真正进行投资的时候，虽然提前做好了心理准备，把它看成了长期投资，但是当股价上涨、下跌的幅度变大的时候，内心就会不由自主地激动起来。所以当看到股价上升的时候，就会出现野心，就会把每个月定期交纳的金额增加；而当看到股价开始下跌，

而且幅度逐渐变大的时候，内心就会产生恐惧，从而中断交款。这就是在基金投资中失败的最大理由。

然而，并不是所有的长期投资就一定能取得成功。虽然一般都说要进行3~5年的投资，但是等到3~5年之后需要用钱的时候，如果遇到像2008年金融危机一样的情况的话，投入基金中的钱可能就所剩无几了。

为了防止这样的危机的出现，就一定要确定好目标收益率。当达到目标收益率的时候，就把已经变成大钱的那部分取出来然后继续交款，按照这样的方式进行投资的话，就可以保障相对稳定的资产了。首先把目标收益率确定为银行整存整取利息的两三倍的水平。由于现在银行的一年定期整存整取的利率为年3%左右，所以，把目标收益率确定为年8%~12%比较合适。

让我们假设把目标收益率确定为年10%，然后每个月按照定期定额投资的方式投资50万韩元。由于就算是前几个月上涨到了10%也不会出现很大的收益，所以这个时候就没有必要赎回。一年之内交款的金额为600万韩元，如果这个时候的收益率为10%的话，就可以得到60万韩元的收益。那么就可以把这600万韩元赎回，然后以安定资产为主进行大钱投资，继续维持着每个月50万韩元（如果是与现在一样的低息时代的话）的交款，按照相同的方式进行反复就可以了。

如果一年之后的收益率为-20%的话，就没有必要进行赎回。在基金中，损失是在赎回的时候决定的。在那之前只要不停地增加本金就可以了。再持续几个月之后，等到

与不懂理财的人结婚，你就自己累到死

收益率达到年 10% 左右的时候，就可以把变成一笔大钱的资金转换为安定资产，然后继续进行交款即可。如果投资了 1 年 6 个月的话，只有期间收益率达到 15%，年平均收益率才会达到 10%。如果这个时候收益率为负值或者是很稀少的话，应该继续交款，等到合适的时机再赎回。由于有时候需要进行这样的等待，所以基金投资需要维持 3~5 年才会取得成功。

在选择基金的时候应该要考虑一下这些内容

第一，如果是投资菜鸟的话，应该要避开那些流行的类型或者是追逐趋势的基金。在进行定期定额式投资的时候，与其选择追赶流行的基金或者是主题型基金，不如选择传统的股票型基金（60%~100% 投入股票中的投资）进行投资。比较流行的基金有很多都是金融公司为了增加销售而按照特定的类型构造开发出来成的。曾经引起购买热潮的水基金、房地产信托投资基金，以及最近比较流行的对少数种类投资的压缩型基金，虽然很受欢迎，甚至一度引起了人们竞相购买的热潮，但是结果都不是很理想。

第二，必须要考虑分散投资。由于最近韩国国内基金的比重比较高，所以曾经非常受欢迎的海外基金一直处于萎缩状态。如果理解了基金需要，在便宜的时候购入并在价格昂贵的时候卖出这一基本原则的话，希望大家能够把很少一部分的低评价海外基金列入投资规划中。在进行基金投资的时候，人们一般都会选择两三个，如果所有基金的收益率都很好的话就最好不过了，但是，大多数的时候是不会出现这样的情况的。假设每个月投资60万韩元，分别在A、B、C三个基金中投入20万韩元，如果一年之后的收益率A基金为+20%、B基金为+10%、C基金为0的话，那么基金的整体收益率就是10%。

分散投资的主要目的就是在分散风险的同时适当地提高收益率。但是，在对海外基金进行分散投资的时候，最好是避开中东、非洲以及发展落后的国家的投资。让我们参考一下成长潜力得到所有人认可的中国基金。直到看到成果之前可能需要等待十年的时间。不仅要对金额进行分散，对地区进行分散投资也非常重要。

第三，对于新上市的基金，最好是观察一年左右的时间再作决定是否加入。虽然基金过去的成果不会担保未来的成果，但是，那些长期以来成果都比较好的基金，在以后的时间里依然会有好成果的可能性比较大。韩国现在的基金已经将近一万种了。与资产规模相比，基金的数量过多，其中一个基金经纪人管理的基金也非常多。如果你是基金经纪人的话，对于投资了5000亿韩元的基金与50亿韩元的基金，更关心哪一个呢？在股票型基金中，如果是广播及报纸上持续报道了3~5年的成功的收益率的品牌基金的话，完全可以毫不犹豫地选择加入。持续进行广告的宣传基金，能够管理好的几率也是非常高的。

第四，在加入基金之前首先要充分理解产品。如果想加入基金的话，就必须要去证券公司或者是银行等基金销售公司。在那之前起码要去一些著名的基金评价公司的网站上看一看，挑选几个成果比较好的基金或者是推荐基金，然后到公司的相关窗口听取说明，之后再决定要不要加入。如果没有经过以上的过程，而是直接在窗口得到了一些推荐建议的话，不要立即加入，回到家之后去上面提到的基金评价网站确认一下得到推荐的基金产品的成果。只有经过这样的过程，才能够加入好的产品中。

投资结果的责任并不是由窗口职员来承担的，而是完全由加入者自己来承担。从最初加入的时候开始，不要仅仅听取别人的一面之词，而是应该对产品进行充分地了解，然后再进行投资，只有养成这样的投资习惯，才能够很好地赚到钱。

基金投资，如果这样做的话肯定会失败

1.因为觉得基金比股票好处理，所以马马虎虎地看了看报纸之后就加入了，没有确定任何的目标收益率，只是盲目地等待着基金上涨，那么肯定会失败。

2.基金上涨的时候野心变大，进行追缴，等到下跌的时候又因为害怕而中断交款，这样肯定会失败。不要以心情，而应该凭借大脑冷静地制定好目标收益率。

3.因为连续几个月之内收益率都是负值而焦虑不安，等到恢复到本金的时候立即销售掉，那么肯定会失败。基金并不是为了保障本金进行的投资，而是为了提高目标收益率而进行的投资。应该在3~5年的时间里慢慢地等着收益率达到目标收益率。

ETF 真的比股票安全，比基金更好吗

哪怕只有一万韩币，现在不妨去尝试一下

"ETF 和基金有什么区别吗?"

"就算稍微有些风险，但是不觉得它比股票更好一些吗?"

普通市民想要通过股票赚钱并非是一件容易的事情，挣钱的时候挣得少，但是一旦跌落就会失去很多的钱，这就是股票投资。但是人们又不满足于只是把钱存在银行里，现在想找一件能超越低利率的商品也不是件容易的事情。那么有没有能够消除股市投资的那种风险，而又能稳定赚钱的投资商品呢?

在这个时候就不妨关注一下 ETF (交易型开放式指数基金)，只要认真投资了小钱，也能使小钱变成大钱，还能积攒日后增加成大钱的资产理财基础。ETF 是收益率与特定的股票价格指数相互连通的指数化证券投资基金 (Index Fund)，交易方式与股票相同。简单来说它是一种能够交易股票价格指数的证券商品，将其当作是与市场收益率变化而产生变化的投资商品就可以了。像韩国 200 种代表性股

与不懂理财的人结婚，你就自己累到死

票综合股价指数类似的特定指数当作是一个项目，像三星电子股票一样红点的时候进行买入和出售收取利益即可。

股票市场中上市之后进行交易的 ETF 有很多种，只需按照自己的投资取向进行投资就可以了。

也有追踪像韩国 200 种代表性股票综合股价指数等市场指数的商品，也有像三星集团的主题商品。还能投资到汽车或者半导体等发展较好的产业群，或者是"中国 H 股"等海外的股票。当然，还可以投资到国库券等安全资产、金或铜等原材料、豆类等农产品等中，无论是哪种情况，都要比投资到个别股票的时候选择起来更简单，出现亏损的风险也非常小。

交易单位可以是一株，而手续费用也非常低廉。所以根据不同种类，哪怕只有一万韩元也可以进行投资。对于理财初学者而言它是非常具有吸引力的。而且不仅仅只是股市上涨的时候才能获得收益，如果能预测股价跌落了的话投资到相反的种类上，那么即使股价下跌了也能获得收益。如果投资到杠杆种类上，那么上升的时候收益率也能上升 2 倍左右（下跌的时候也能跌 2 倍左右），所以即使是很少的钱也能更积极地期待收益。虽然看起来与基金很相似，但是交易起来却比基金更简单，费用也很少，还能很轻松地兑换成现金。

仅用一万韩元开始的 ETF 投资

进行股票投资的时候会发现存在两种风险，一种是"市场风险"，另一种是"个别风险"。市场风险与股票市场整体的起伏有关联，所以个人是无法控制的。但是个别风险是指自己购买的种类存在的风险，根据选择的种类的不同危机有时也会变成机会。

如果选中了正确的种类，即使大部分的价位都跌落了，但是自己选择的种类有可能会出现上涨的情况，又或者比其他的种类跌落的幅度更小一些。如果平时多关注一些有关股票市场的新闻，就会发现综合股价指数大幅度上升的时候也有跌落的种类，综合股价指数大跌的时候有些种类反而还会出现上涨的趋势。也就是说上市到股票市场上的所有种类并不是统一上涨或者跌落。

ETF市场虽然无法回避市场整体性的危险，但是为了分散个别种类进行买入或卖出的时候产生的风险已经进行了指数化，可以同时投资到不同的各种种类上，所以ETF的风险性明显比股票小很多。而且ETF种类的每股价格都非常低廉，所以即使我们只有很少的资金也可以进行投资。通过投资让小钱变大钱，不仅能让人对投资产生兴趣，还可以积攒很多投资经验的优点。

有一种利用ETF挣到大钱的简单方法。在前面的内容中我们提到过通过细分存折的方法进行管理的内容。在那些存折中利用每个月定期地存入移动通信费或者外餐费的存折中进行ETF投资就可以了。这些定期支出的存折存着管理费，或者每个月的支出金额不会出现变动的钱，但是同时也存着外餐费或者移动通信费，而这些费用是只要努力一下就能节省下来的钱。只要将这些费用节省下来能准备出一万韩元的话，就可以进行ETF投资了。

与不懂理财的人结婚，你就自己累到死

假设一个人每个月的 25 日发工资，他收到工资后就会按照之前设定好的目标把钱分别存入各个存折中。定期支出的存折中会存入那个月需要支出的钱，可以利用使用一个月之后剩下的钱进行 ETF 投资。到了下个月的 24 日，将定期支出存折中剩下的钱全部转入 ETF 投资股票交易存折中，使定期支出存折中的余额变成 "0" 元。5000 韩元也好，1 万韩元也好，25 日的早上利用那些钱去购买之前平日里早就选好的 ETF 种类就可以了。

下个月的时候也重复上个月的过程即可，一年左右的时间就只管买入就可以了。一年后你会发现这样零零散散存起来的钱，在不知不觉间就已经变成了一笔大钱。2012 年 5 月 4 日投资到三星集团的 "TIGER 三星集团" 的时候每股为 9195 韩元，如果每个月存入 3 万韩元投资到这个种类上，一年后大概能购买到 40 股（市况当然是每次买的时候都会出现变化）。一年后会平均上涨 15%，每股的股价就会变成 10574 韩元，若进行出售的话大概能卖 422 960 韩元。和朋友聚会吃一顿晚饭花出去的 3 万韩元虽然是小钱，但是如果将 3 万韩元投资到 ETF 的话，那么小钱在一年之后就能变成 422 960 韩元的大钱。

如果用小钱投资 ETF 的时候产生了乐趣，其就会成为省钱的动力。有的人习惯每天早上喝一杯咖啡，吃完午饭又喝一杯咖啡，如果每天能省下买一杯咖啡的钱，也能准备出投资 ETF 的资金。

ETF 最大的优点是通过小钱也能学到很多关于投资的知识，还能积攒很多有关投资的经验。会自觉地阅读很多理财方面的书籍，也会去找经济报纸查看。如果经济时报登了一则关于"现代汽车2012年1/4分期出现史上最高业绩"的新闻，那个月就会购买"TIGER现代汽车集团（2012年5月4日每股的价位是29035韩元）"，自然而然地对经济的关注度就会上升。通过ETF的投资攒了一年的钱，可以用作假日费用，也可以再次投资到ETF。不管做什么，这笔钱都会变成使人感到"快乐"的大钱。这样经验累积得多了，很自然地对理财的关注度就会提高，也能成为自学的契机。

投资 ETF 的必胜战略

1.只要善于利用 ETF 就会使其变成挣钱的投资商品，但是一旦稍不留神就会使自己变成短线交易者，而只能整日整日地观察股市窗口。一定要谨记没有进行股票投资而是进行ETF投资的理由。

2.无论什么时候都要保持利用小钱学习投资的心态，投资商品时只有能够控制自己的贪念才能成功，所以绝对不能有过于贪婪的欲望。

3.刚开始进行投资的时候，不要为了提高收益而频繁进行买入和卖出的过程。要每个月持续地积攒关注的种类，有了经验之后与投资倾向相符的时候可以用来进行大资金的投资。

与不懂理财的人结婚，你就自己累到死

除了结婚资金之外还剩下一笔钱，该怎么利用呢

如果有一笔钱，那么请关注理财的趋势——ELS

"已经准备好结婚时需要的资金了，那么现在是不是可以稍微松一口气了呢？"

"虽然有一笔钱，但是想要投资基金却又觉得股票市场的价位太高。"

结婚年龄越大，也就是说达到了"黄金剩女"的程度时，很多情况下已经准备出了结婚资金。虽然男人需要准备结婚后生活的房子，无论什么年龄段的人都很难从结婚资金当中获得解放。但是女性相对需要准备的结婚资金会少很多，所以一旦她们准备出一笔资金的话，她们对理财方面的热情就会下降，多多少少都会开始对消费支出产生关注。而且即使她们存了一笔钱，她们也不知道该如何进行投资，所以很多时候她们都会把钱放置到银行的存取款存折中。

想进行整额投资，却又不确定其是否一定是低点。近6个月来一直在低谷重复着涨落，所以此时整额投资的价值比较小。但是如果就这么将钱存到银行里，又对利息感到

不满意。如果考虑到现在物价上涨的状况，那么实际上银行的利息是呈负数的。即使存入了一笔大钱，看似账面上的金额增加了，但是实际上它的价值已经跌落了。即使是比较安全的债券型商品也与银行中的利息没什么太大的差异。

虽然也寻找过其他可以投资大钱的商品，但是仍然没有找到让人满意的商品。所以就会在无意中进入理财休止期。其实，越到这种时候就越需要我们把注意力放到新的理财信息上，而不是将注意力放在花钱的方面。应该把这样的时期当作是进一步提高理财能力的一个机会。

现在我们一起关注一下最近的理财趋势，股价联动证券也就是 ELS（Equity Linked Securities）。ELS 是利用国内或者海外的股市中进行的交易股票或者指数制造的商品，定好基础资产股票和指数，经过一年或者三年等固定的时间，在这段时间内商品如果能达到之前定好的条件我们就能获得比银行利息更高的收益。如果加入本金保障型的 ELS，本金是完全能够保障的，如果不是那种情况也有可能产生巨大的损失，就是一种破坏性产品。当然，保障本金不出现亏损并不是什么能力，但是并不是"不要问"的形态。而是真正地了解到商品之后再进行投资的话，它就是一种能够提高收益的商品。

ELS，了解就会关注，关注了就能赚钱

关于 ELS，我们首先也是重要的就是要了解它的构造。通过 2012 年 5 月 8~11 日受到邀请的东洋证券"东洋 MYS-

与不懂理财的人结婚，你就自己累到死

TAR 衍生结合证券（ELS）第 2314 号（参照下面图片）"学习收益构造吧。

ELS 是直到期满为止根据基础资产的上下浮动决定收益的商品，这种商品是非保障本金型产品。基础资产是韩国综合股票价格指数中靠近前 1~200 名企业的指数算出的韩国综合股价指数 200，以及香港市场中已经上市的中国国营企业挑选出 43 个算出指数的 HSCEI 指数（香港 H 指数）。也就是说，韩国综合股价指数 200 和 HSCEI 指数的上下浮动决定了我们的收益。

通常情况下，每个证券公司中的 ELS 分为本金保障型和本金非保障型两种，然后将韩国综合股价指数 200 等的指数型和三星电子等种类型组合在一起，每周会出现 5~6 个彼此条件不同的商品。从这些商品中选择自己喜欢的商品进行预订就可以了。如果没有适合自己的商品，那就再等一周看看。通过证券公司的主页能够查阅各个商品的具体内容。

项目		内容
种类名		东洋 MYSTAR 衍生结合证券(ELS)第 2314 号（风险性高, 本金非保障型）
基础资产		KOSPI200/HSCEI
认购期限	认购开始日	2012 年 5 月 8 日
	认购结束日	2012 年 5 月 11 日（13:00 为止）（认购期限结束后不可以认购）

ELS 是在固定的时间内只能通过认购的方式进行投资

的商品，左面表格中的商品是从 2012 年 5 月 8 日开始一直到 11 日 13 点为止受到了请约，请约可以在东洋证券窗口中查看，大部分的 ELS 都是可以通过网络发出请约的。聚集的金额是 100 亿韩元。

请约总额如果不到 100 亿韩元，就按照已经请约到的金额进行投资。如果竞争率非常高，在超过了 100 亿韩元的情况下，就按照比率以 100 万韩元作为单位调配。假设给这个商品请约了 1000 万韩元，但是竞争率达到了 10：1 的话，其就会被调配为 100 万韩元。ELS 最小的请约金额是 100 万韩元，以 100 万韩元作为单位进行请约。如果请约率比较低，请约总额未能达到 10 亿韩元，那么请约很有可能会被取消。如果发生请约取消的情况，那么证券公司就会将请约金全额退还给我们。这个商品是按照 5 月 11 日韩国综合股价指数 200 和 HSCEI 指数的最终价格定下了基础资产的基准价。

"东洋 MYSTAR 衍生结合证券（ELS）第 2314 号"是 3 年为满期的商品，从发行之日开始到 6 个月后的 11 月 8 日进行提前偿还评价。如果第一个评价日，也就是 11 月 8 日达到了提前偿还条件的话，提前偿还投资金和收益，这个商品就会终止。每到规定的评价日的时候，如果达不到提前偿还条件的话，按照三年为满期的 2015 年 5 月 8 日的满期条件支付评价金额。

根据期限的不同，这个商品提前偿还的条件也会发生变化。早期偿还的时间越长，最初基准价格就会变成最初的 95%、90%、85% 等等，基准价格会持续往下跌落，以便提高满期钱可以提前偿还的概率。从发行日开始6~12个月的时期内，每到规定的提前偿还评价日的时候，基础资产韩国综合股价指数200和HSCEI两种指数都能达到基础资产价格的95%以上时，自动按照年10.71%收益率进行提前偿还。13~24个月的时候是90%以上，25~36个月是85%以上，都会按照年10.71%（36个月最高累计收益率是32.13%）的收益进行偿还。

如果这个时候依然无法偿还的话，最后的条件是最后满期评价日也就是2015年5月8日，如果两个指数中的任何一个指数都不到最初基准价格的85%（两个都不足85%也可以），而且从发行日开始直到满期评价日为止没有跌落到最初基准价格的50%时，按照年10.71%（3年为32.13%）进行偿还。

目前为止都属于成功的范例，但是如果所有的ELS都能像以上写的那样，早期的时候就能因为充足的条件可以按照高利率偿还的话，相信没有人不会对ELS进行投资。

那么有关失败的范本又是如何的呢？如果无法完成提前偿还，那么从发行日期开始一直到期满评价日为止，两个指数当中的任何一个未能达到最初基准价格的85%，从发行日期开始一直到期满评价日为止，有一个指数低于最初基准价格的50%的话，很有可能损失投资金额的15%~100%。在两个指数中，期满评价金额的跌落率更大的那个指数决定损失的程度。举个例子，如果韩国综合股价指数200的最初基础资产价格下跌了45%，HSCEI指数下降到55%的话，则由HSCEI来决定损失的金额。

当然，100%的损失是不可能出现的，除非韩国和香港（也包括中国大陆）股票交易所倒闭，导致股票市场失去了机能。考虑期满评价日的基础资产时，评价金额更不好的那一项比发行日被决定的最初基础资产价格低多少，在综合考虑风险和收益的情况下定关于投资的决策就可以了。

ELS根据条件可以比较准确地了解到收益和损失，所以只要认真阅读商品说明书或者投资说明书的话，ELS与其他的投资商品相比较能更加轻松地进行投资。但是，根据基础资产和条件收益率会产生较大的差异，所以进行ELS投资的时候一定要对几个核心要素有准确地理解。

如果正确地对ELS进行投资，在这个低利率的时代这是一个不错的选择，但是它相对的风险性也很高。基金虽然会出现产生损失的情况，但是没有特别规定的期满日，所以可以耐心等待弥补损失为止。然而，ELS是即使满期的始发点出现了损失，投资也会按这个结果终止，所以一定要慎重考虑选择哪一种商品。对ELS进行投资的时候，在了解清楚了以下五点之后再选择商品。

第一、什么是基础资产

基础资产包括了韩国综合股价指数200等指数型和三星电子等种类型。通常情况下都是由一种或者两种组成，而两种组合在一起形成的大多数都是ELS。此时要选择一个较为稳定的基础资产，另一个是变动性较大的基础资产，这样才能更好地创造收益。指数型最好是以韩国综合股价

与不懂理财的人结婚，你就自己累到死

指数 200+HSCEI 指数，或者是以韩国综合股价指数 200+S&P500 等形式组合，但是现在更多的是以韩国综合股价指数 200+HSCEI 指数为基础资产的 ELS。这种类型是三星电子 +KT&G 或者现代摩比斯 +SOil 等，将上市的公司以多种多样的形式进行组合转变成商品。

一般情况下，基础资产的种类较少的时候能更轻松地创造收益的条件。所以通过三种基础资产运营的 ELS 在条件符合的时候提示的收益率更高，对产生损失的方面起到影响的最大跌落范围也能更大一些。但是刚开始接触 ELS 的时候，宁可收益率低一些也要尽可能选择相比之下能更好创造条件的商品。

在以前基金过热的时候，金融公司为了能够卖出更多的商品，开发了水基金和红酒基金等具有特色的商品，吸引了很多的消费者。但是结果都不是太乐观。最好是回避将那些不知名的指数或者种类作为基础资产的 ELS。

第二、本金保障型和本金非保障型中选哪一个

ELS 中有本金保障型和本金非保障型两种商品，一般情况下本金非保障型的商品种类较多，而且达到条件的时候能够产生的收益率也会很高。本金保障型商品虽然可以保障本金不出现亏损的情况，但是即使符合了条件到了期满评价日，通常情况下基础资产价格收益率也不会太好。选择本金保障型商品的时候，即使收益率稍微低一些也要选择提前偿还型的商品。根据期满评价日的基础资产价格决定收益率的本金保障型 ELS，期满的时间越短的商品达

到条件的可能性更高一些。与为期一年零六个月的商品相比，为期一年的商品存在的风险性有可能会更小。

还有一点是需要注意的，即使是本金保障型 ELS，也并不意味着其能够起到保护存款人的作用。所以，根据发行公司的财物危机状况，也有可能出现连本金都收不回的情况。所以最好还是将钱投资财务方面较为安全的公司发行的 ELS。

第三、指数型和种类型中选择哪一个

很多 ELS 从投资的起点开始一直到期满日为止，中间只要有一次超过了 –60%~–40% 的情况出现，就以损失的形态上市。指数型的情况下出现越过最低限的可能性很小，但是种类型的产品现实中会出现越过最低限的情况。所以，刚开始进行投资的时候，与种类型商品相比最好首先选择指数型的商品。此外，选择那种提示的收益率虽然较低一些，但是损失发生的可能性却比基准点最低限更低一点的商品较好。

指数型的商品也有可能出现越过最低限的损失。实际上 HSCEI 指数从 14204.13（2010 年 11 月 12 日）变成 8102.58（2011 年 10 月 7 日），与最高点相比下降了 42.96%，再往前的 2007 年因为全球经济危机，出现过比最高点下降了 75.54% 的情况。目前发行的 ELS 指数型商品中，以韩国综合股价指数 200 和 HSCEI 指数为基础资产结合起来的商品很多。HSCEI 指数的变动性很大，但市场规模很小。所以每次发生问题的时候就会出现大幅度的损失，这就提醒我们在投资的时候一定要谨慎。特别是欧洲的财政方面的不稳定等世界经济危机还没有完全结束的时候，谁都无法确定什么时候还会发生巨大的经济危机。

第四、发行周期和投资起点分别是什么

首先决定要投资到 ELS 中的总金额，然后将钱存入 CMA 当中。在每周上市的新商品中，只选择良好的商品进行分散投资。比如，如果投资 ELS 的总金额是 1000 万韩元，那么就将总金额分成每份 200 万韩元的 5 份，然后只选择好的商品进行请约就可以了。由于 CMA 基本上能有 3% 的年利，所以没必要急着将钱投资到 ELS 中去。

改变投资的起点也是分散风险度管理整个收益率的方法，所以一次性投资全部的金额，不如分散进行投资。根据不同的投资商品，有些商品在 3 — 6 个月的时候就能提前偿还，也有一些商品是到了期满日才能完成。将收回来的投资金额和收益金，继续投入到下一轮投资当中即可。只要定好要投资到 ELS 中的总金额，再像乡村里的水车一样不停地重复进行投资就可以了。

第五、要缴多少税呢

即使是 ELS 也要承担税后的收益率。对于收益的部分进行 15.4% 的征税，然后再还投资金和收益金。一般情况下，ELS 商品预示的收益率是税前的收益率，这一点一定要谨记。

享受 ELS 理财真正的有趣之处

1. 如果只重视保障本金而把钱放在某一个地方的话，钱是不会自己变多的。找到像水车一样能够持续提高收益的方法进行投资，然后培养重复投资的习惯。

2. 由于 ELS 是限定了期满日的商品，所以在选择的时候一定要慎重考虑才不会让自己吃亏。如果不考虑风险而只选择收益率高的商品，很有可能会出现让你想不到的损失。

3. ELS 商品预示的收益率是税前收益率，所以需要自己考虑到税后的收益率。对于收益部分征收 15.4% 的税。

与不懂理财的人结婚，你就自己累到死

情侣理财成功转变为夫妻创业

已经到了即将结束本书的时候了。此时我遇见了一个许久未见的大学后辈，我们一起交杯换盏高谈阔论着各种话题，突然间我从对方的嘴里听到了让我为之震惊的事情。由于我最近一直在埋头写作，关注着与结婚或者年轻夫妻有关的事情，所以一听到后辈说关于情侣的事情就自然很关注这些内容。

那是一个关于不久前刚过结婚周年纪念的夫妻的故事，几年前他们的婚礼准备在周围这些熟人的眼里也是一件非常不可思议的事情。当他们来到那对小夫妻居住的房子中时，他们很是惊讶，甚至可以说受到了很大的打击。

这对情侣曾经说结婚资金完全不够用，拿不出公寓的租赁保证金不说，也就够准备出大户型住房的租赁保证金的程度。当我听到他们最终并没有找房子的内容时，我赶忙问道："难道他们是在父母的家里生活的吗？"后辈说出了非常让人意想不到的答案。虽然我见过很多对情侣并与他们交流、沟通过，但是像这对情侣这样利用多户型房子的租赁保证金购买了周围的一家店铺，新婚生活从一家店铺开始的事情还真是头一次听说。

夫妻两个人在看起来较为破旧的商业街中租赁了一家空出来一层店铺，将里面的一间房间布置成婚房。大概是100平方米（30坪左右）的空间中，1/3的空间用来布置了洗漱台、浴缸，剩下的空间布置成服装店。

他们开这家服装店，完全是出于妻子与众不同的时尚感和对服装类的关注。女方还在公司上班的时候就特别喜欢服装，并经常穿梭于东大门大大小小的各种服装店铺中。女方在结婚的同时还结束了上班族的生活，她按照自己的兴趣和特长开了这家服装店。乔迁喜宴自然就在那间房子里举行了，他们也顺便庆祝了服装店的开业。受到邀请的朋友和曾经的同事基本上都从他们的服装店买了一两件衣服，就这样他们的服装生意非常顺利地开始了。

夫妻两个人原本就具有与众不同的表现力和整理能力，所以服装店和新婚房间虽然看起来有点陈旧，但是还是被他们装扮得温馨且大方，这充分吸引了他们周围很多人的关心和注意力。所以他们能够挣得比上班时稍微多一点。

这对夫妻的新婚故事，如果只是我自己知道真有点可惜，这样一对充满智慧的情侣，一次性解决了新婚房子和创业的问题。他们与那些因为别人的眼光去借钱撑门面，在很长的时间里因为钱的问题感情渐渐变得淡漠的其他情侣有着天壤之别。这对情侣在店铺里面打造了一个爱巢，开始了自己的新婚生活，他们是如此朴实且内秀，所以我

与不懂理财的人结婚，你就自己累到死

觉得应该把他们的故事讲给更多的人听。

据说不久前他们搬进了公寓，孩子的周岁宴时他们再次邀请了搬家的时候请来的那些熟人。

"事实上我们第一次去他们的新婚房时我没敢开口问，总觉得他们应该是有什么隐情，所以我们只是买了几件衣服就离开了。但是不久前因为他们孩子的周岁宴我们再次去了那里……哇！我们被我们所看到的吓了一跳。因为就在这段时间里他们看起来好像是挣了很多的钱，所以我们问他们，当初他们是怎么想到在服装店里开始新婚生活的。他们非常淡然地回答说：如果不在新婚的时候经历那样的艰苦生活，还要等到什么时候才去经历呢？当时我记得那个房间连扇窗户都没有，如果是我应该会经常和对方吵架吧，但是他们却一次都没有争吵过。由于那间店铺只有一间房间，所以他们连私人空间都没有。哈哈！晚上关上了店门，夫妻两个人坐在一起喝啤酒的同时还算了算一天所赚的钱。听到这些，我突然觉得这样的经历在以后肯定会成为他们美好的回忆，心里不由得开始羡慕起他们来。"

夫妻两个人在准备等男方不再去上班的时候，准备着手去做服装批发生意。虽然生产服装很重要，但是如果能更合理地进行包税服装的流通事业的话，能够大幅度提高利润。

关于他们准备新婚的这个故事虽然非常棒，但是他们这种准备夫妻创业的故事却也是值得我们关注的。很多的职场人虽然对自己养老的问题感到不安，但是能真正为此做好准备的人却非常少见。虽然攒很多的钱是最重要的隐退准备，但是与此同等重要的事情就是准备出持续工作并维持这种收入的环境。

虽然解决养老问题有很多种方法，但是我最想给大家的建议是夫妻两个人一同创业。这样能做到彼此最了解对方，而且到时候子女也已经长大，妻子也能腾出更多的时间。中年以后一直一起工作到老年，对于家庭的和睦也是非常有益的事情。

三星生命隐退研究所与首尔大学老年隐退设计支援中心联手开发的"彩虹隐退准备指数"结果显示，韩国国民的平均隐退准备分数是58.3分。这一分数与"努力准备隐退的"前10%的团体（77.1分）相比落后了太多。这也就是说除了前10%之外，其他的人都没有真正实践隐退后的准备。

如果还没有做好隐退准备的时候，却在比想象中更早的年龄段里隐退的话，本人和家人都要一同经历的痛苦是无法用言语表达的。但是又不能因为这样本该沉浸在工作乐趣中的年轻时代，担忧隐退后的各种事情，那实在是件让人头痛的事情。

正因为如此，大家应该关注将新婚旅行过得像商务出差一样的智秀情侣的故事，或者在新婚房中开始创业的那对情侣的故事。正因为他们比其他人更提前一步使自己从对老年生活的不安中摆脱了出来，而规划出了更加有希望的未来。参考这两对情侣的事例，如果不想让自己老后因为钱而感到不安，想要拥有充满活力的老年生活的话，那么就从现在开始，从新婚生活开始规划出属于自己的美好未来吧!

本书中最具代表性的情侣应该是京南这对情侣。像京南这样诚实且不会耍手段的年轻人,要么没有工作,要么因为收入过少很难有拥有自己房子的梦想。就连通过租赁保证金的方式进行结婚的念头都不敢有的情况也非常多。我从写这本书的时候开始,当然我想以后我也会一直担心与我一点儿血缘关系都没有的京南先生,我真心希望他能过上幸福的生活。

然而,这真的很难,我不敢说一贫如洗的他能有用不完的钱,但是就连毫无负担地去打网球、给孩子买小提琴、给心爱的妻子买一辆小型私家车微笑着生活的日子,真的很难实现。

但是我依然确信,如果能够真正地实践了 WAM 项目,精打细算且夫妻间相互信赖,同时为家人和假期准备一个无论什么时候都不会消除的"一生假期专用存折"的话,京南这对情侣的未来一定会变得非常美好、幸福。

所有的"京南"情侣,加油!

谢谢大家。

——作者写给读者的一封信

读者反馈卡

尊敬的读者：

十分感谢您购买本书以及对本公司的大力支持。为能继续提供更符合您要求的优质图书，烦请您抽出点滴时间填写以下调查表并寄回，您的建议与意见将是我们不断前进的动力。我们会定期从有效回执中抽取幸运读者，寄送公司最新出版图书或其他精美礼品。

北京兴盛乐书刊发行有限责任公司

通讯地址：北京市朝阳区小营路 10 号阳明广场南楼 14A
邮政编码：100101
读者 QQ 群：292306095（兴盛乐书友会）
电子邮件：xslzbs@163.com
公司微博：@ 兴盛乐书刊发行公司
公司网址：www.xslbook.net

1. 您了解本书是通过：
　　□书店　　□网络　　□报刊宣传　　□朋友推荐
2. 您购得木书的渠道是：
　　□新华书店　　□网上书城　　□民营书店　　□超市　　□报刊亭
　　□其他_____
3. 您决定购买本书是因为：
　　□书名吸引　　□内容吸引　　□喜欢作者　　□偶然购买

□朋友推荐　□其他_____

4. 您觉得本书的优点有：

　　□文笔好　□内容好　□封面漂亮　□排版舒服　□价格合理
　　□手感好　□其他_____

5. 您会向他人推荐或者谈论这本书吗？

　　□会　□不会　□偶尔会　□看看再决定　□其他_____

6. 了解本书之后，您会关注或购买公司其他图书吗？

　　□会　□不会　□偶尔会　□看看再决定　□其他_____

7. 您决定购买一本书的因素包括：

　　□内容　□封面　□书名　□朋友推荐　□媒体推荐　□作者
　　□其他_____

8. 您比较喜欢的阅读类型有：

　　□人文历史类　□财经类　□管理类　□励志类　□小说类
　　□纪实文学类　□传记类　□散文、随笔类　□女性、生活类
　　□亲子、育儿类　□科普类　□其他_____

9. 您觉得本书有何不足之处，您有何修改意见或建议？

_____

_____

10. 有没有您想读但市面上却没有的书？

_____

_____

您的姓名_____性别_____年龄_____职业_____

邮政地址_____
邮政编码_____手机_____
E-MAIL_____
QQ_____微博_____